园林景观场景模型设计

黄仕雄　著

东南大学出版社
·南京·

图书在版编目 (CIP) 数据

园林景观场景模型设计 / 黄仕雄著 .—南京：东南大学出版社，2018.12

ISBN 978-7-5641-8196-3

Ⅰ.①园… Ⅱ.①黄… Ⅲ.①景观 - 园林设计 Ⅳ.① TU986.2

中国版本图书馆 CIP 数据核字（2018）第 291881 号

● 江苏省园林品牌专业资助出版（PPZY2015A063）

园林景观场景模型设计

著　　者：黄仕雄
出版发行：东南大学出版社出版发行
地　　址：南京市四牌楼 2 号　邮编：210096
出 版 人：江建中
网　　址：http：//www.seupress.com
经　　销：全国各地新华书店
印　　刷：南京新世纪联盟印务有限公司
开　　本：889 mm × 1 194 mm　1/16
印　　张：12.75
字　　数：442 千字
版　　次：2018 年 12 月第 1 版
印　　次：2018 年 12 月第 1 次印刷
书　　号：ISBN　978-7-5641-8196-3
定　　价：118.00 元

目录

前 言

园林景观场景模型设计是艺术性很强的立体空间设计，它不仅讲究艺术美感，同时也十分注重功能的科学性。它是园林中组织空间景观，因地制宜、合理地利用自然环境，在构建场景各要素时所体现的功能性和形式的设计表达。场景模型设计是园林景观设计中常涉及的重要内容。如何对不同的地形地貌合理地应用，如何将自然山水、植物、各功能建筑体配置好，将道路组织好，达到空间序列组织合理又有变化，营造出既满足人们生活的需要，又符合当代人审美要求的场景，这需要我们颇费一番心思去研究和推敲。

通过模型设计场景来表达设计理念、研究形式美感，它的功能、作用比图纸优越。场景模型主要有概念场景模型和具象场景模型两种，本书点评的是以具象为主的场景模型，它能真实地、多角度地展示场景，让设计者更直观地看到设计的意图，推敲艺术语言的表达，以及感知场景的气氛等，最后完成一个臻于合理的场景设计。近年来有些设计单位、高等院校园林专业学生和爱好者在园林场景设计方案中，虽然也采用模型来研究方案，但所做的辅助设计的园林景观场景模型往往不尽如人意，与方案设计的要求差距较大，分析起来主要有以下几种原因：

1. 对场地认识不够

设计师应深入对场地进行分析，了解场地要设计的区域的位置、功能、性质、服务人群，根据对现实环境的调查和自然条件的了解，明确需要解决的问题，因此必须依据功能、作用和美的原则来进行场地环境的规划设计。场地景观规划要符合总体的规划，明确要求、用途，设计前要对场地进行实地勘察，了解分析地形、地貌、水文、气候、植物的自然状况，明确规划范围的界限和周围红线及标高，安排好出入口等在设计中的可行性。如果不明现状就进行平面和竖向设计规划，仅注重模型的形式，不注重实质，那么模型的元素的构建配置和组织就没有实际的意义，甚至会给后续现实场景的构建参照带来难以弥补的损失。

2. 比例尺度缺乏整体性

在场景设计中比例尺度是十分重要的，大到整个场地，小到一个局部，都关系着整体与局部的关系。无论是二维的平面，还是三维的体积，都直接影响着形的容量、功能、美观。在模型中通常出现的现象是比例不严谨，过于随意，模型中呈现的平面和立面体常出现与图纸竖向设计、平面设计的尺度要求不吻合，这样会导致形体的变化，无论是活动区域、绿化面积，建筑物、道路等的容量、规模和维度、游线都将会受到大小不同的影响，甚至造成功能、作用及美感的破损和缺失，因此要特别重视图纸上平面、立面体的标高与模型制作相一致。只有做到比例尺度整体一致，在严谨的尺度制约下才能更好地达到设计的目的。

3. 形式组织平淡，构成意识不足

整体结构与局部的元素组织美，要通过场景的艺术形式表现，透过地方风格来彰显其人文价值。设计中的结构体如廊、桥、架、雕塑、功能建筑、树木花卉组织等，在模型制作中常有出现。如未能按形式美的规律进行合理的配置，将导致结构体各元素不协调、零乱繁杂，风格不能统一和元素堆砌，形与形之间无法呼应牵制、整体零散等现象，更谈不上形式美，这都是忽视构成原理造成的。因此在设计中要遵守形式美的原则，注重造型艺术语言基本的规律，以及处理好整体与局部的关系。多样、统一、对称、均衡、节奏、韵律、调和、动态、静态、方向、繁简等在设计中都是很重要的。那种在模型制作中不注重构成美学原理，不重视构成意识在场地设计中的表现应用，都是不可取的。

4. 空间色彩单调无变化

色彩在场景模型设计空间组织中，不仅能给人不同的心理感受，还具有审美价值。不同的场景通过不同的色彩配置，能产生多样的变化，它所具有的功能，是其他形式要素难以替代的，它能突出形体、加强节奏、创造气氛，具有组织空间层次作用，让营造出的空间更具有艺术的感染力。但在不少模型制作中，常出现违背色彩的运用规律，不注重色彩的应用，忽略色彩功能，破坏形式美感，从而产生主题不突出、无意境、凌乱、繁杂、刺目、低沉、灰暗

无生气等现象，无法达到审美效果。因此，必须注重色彩给人的不同的心理感受，重视色彩感情的表达，充分发挥色彩功能。对色彩的要素如色相、明度、纯度、色调要组织好，要注意色彩的面积、冷暖关系，以及色彩在场合中的整体协调关系等，充分发挥色彩的作用去创造一个当代人所追求的如诗如画般色彩美的场景。

5. 空间组织呆板，缺秩序

空间层次秩序是场景各空间之间各构成要素之间的构架，场地环境空间体系若能合理地连接，就能给人以便捷、有条理、愉快、舒适的感受，这种具有良好秩序和层次的组织是通过功能建筑、小品、道路、绿化等要素合理的布置，来构成一个富有活力、与人亲和、舒适而美的环境场地空间。在场地环境模型空间设计组织中常会出现场景设计无理、无序，设计元素组合不合理等现象，这将导致空间结构松散、无层次感、无秩序感。各空间之间，各形体之间，缺少有机的联系与呼应，在造型上过于统一、无变化，将导致空间的形状、大小、尺度、开合、疏密节奏、韵律、空间与时间的关系、自然与人的协调关系、内容与形式统一的关系、空间的序列、主次、静态与动态的关系等，无对比，无变化，前后脱节，整体气氛缺乏，构图布局平庸等空间组织现象。这类现象在设计中要引起高度重视。场地环境空间是以人的活动需求行为轨迹来建立空间秩序和层次的，各部分空间的连接是人与空间的有机联系。对于空间的组织，如果用实体随意地组合、围合和堆占，就不能形成良好的秩序和层次感。空间体系的连接不合理将影响人们使用空间的行为。要营造一个有序的立体空间，场地环境空间体系的连接要尽量做到合理。因此，在构图时要多方考虑功能、结构、形状体系连接以及与人的关系。在对场景构图时，应对各区域和形状位置进行反复调整，以期达到功能与形式较好的统一。

场景模型设计是场景设计的蓝本，是现实场景的再现。场景模型设计如忽略了设计的科学原理和形式语言的表达，则现场方案的设计也难以具备现实性、科学性和艺术性。本书有针对性地汇集了近 200 个场景模型案例，形式风格较为多样，对于场景设计的表达，从形态、尺度、比例、空间结构、造型及建筑水体、道路、植被的组成配置等方面都不尽相同。从案例中我们可以看到这些案例设计思路活跃，设计手法多样，内容与形式大都能够较好地统一起来，当然，这些案例也存在着一些问题，设计质量也还有提高的空间，但恰恰这些案例中存在的问题，也是一些设计人员、学生和设计爱好者容易忽视的地方。书中我们对案例进行逐一点评，至于模型的工艺制作流程、制作手法，本书不做论述，其目的就是要更具针对性，让园林景观场景设计工作者、大中专学生和场景设计爱好者，在进行场景模型设计构建时，能更加自觉地重视在模型设计中容易产生错误或易于忽视的地方，以利于场景设计的合理表达。书中形式多样的案例，可让园林专业学生、设计爱好者和专业人士学习与借鉴。

本书的完成要感谢东南大学出版社和南京林业大学风景园林学院。同时也要感谢为本书提供模型案例的同学和为本书的完成做了大量工作的我的研究生谷雨丝同学！这里汇集的各类不同形式的场景模型案例是我和学生、同仁们在教与学的过程中，多年来辛勤研究的结晶。由于时间仓促和本人水平有限，对模型案例的选择和点评，难免有不足之处，敬请各位同仁指正！

作者于南京林业大学风景园林学院
风景园林设计工作室
2018.9

1. 布局

设计场景时，必须运用各种设计手法，将植物、山石、水体、建筑等有机结合，打造布局合理、风貌突出的景观环境。场景内部交通应合理，层次应分明，道路系统也较为完善。景观结构清晰明了，设计合乎规范，兼具科学性和艺术性。景观布局依据场地的外部特征及内部肌理进行设计，通过建筑围合空间，利用多种景观元素丰富场地内容。应将“动”与“静”有机地结合起来。布局具有明确的功能分区和道路分级，设计个性突出、构思巧妙。特别需注意协调场地景观长、宽、高之间的比例关系，使得场地设计尺度宜人、功能合理。设计中应当结合场地设计的主题、形制、类型和立意等，合理安排构成景观的各类组成要素，确定景观各元素的景观区位和内部功能。要考虑游人观赏园林的心理体验和活动游线，通过园景的道路交通串联各个景点，合理布局场所景观空间。因此，布局是整个场景设计中的核心，是对场景的整体认识，是塑造美好景观的前提。

本案例展示了滨海热带风情，临水景观静谧有趣。木质铺装搭配道路、小品，极具个性化，硬质与软质界限分明，功能实用、合理。色调也协调、明快，色彩冷暖对比响亮，点、线、面组织富有韵律。但是场地的观水性较好，亲水性不足，可以适当增加亲水平台和亲水阶梯，以满足人们接触水景的需求。

本案例为中式园林风格，创造了四季皆有景的场地景观。景观内部布局、设施合理，兼具观赏和休闲、娱乐之功能。建筑与水景、树景相结合，创造了自然中的人工、人工中的自然场景，富有趣味。

本案例主景突出，内容丰富，景观元素多样且统一。场地中既有喷泉、景柱，又有廊架、凉亭等地面铺装，建筑、植被色调对比明确、响亮，形的对比主次分明、统一又多样变化，点、线、面布置生动，同时将实用性和美观性相结合，从功能、环境、形象三个方面展开设计，道路合理、结构清晰。整个设计具有人性化。

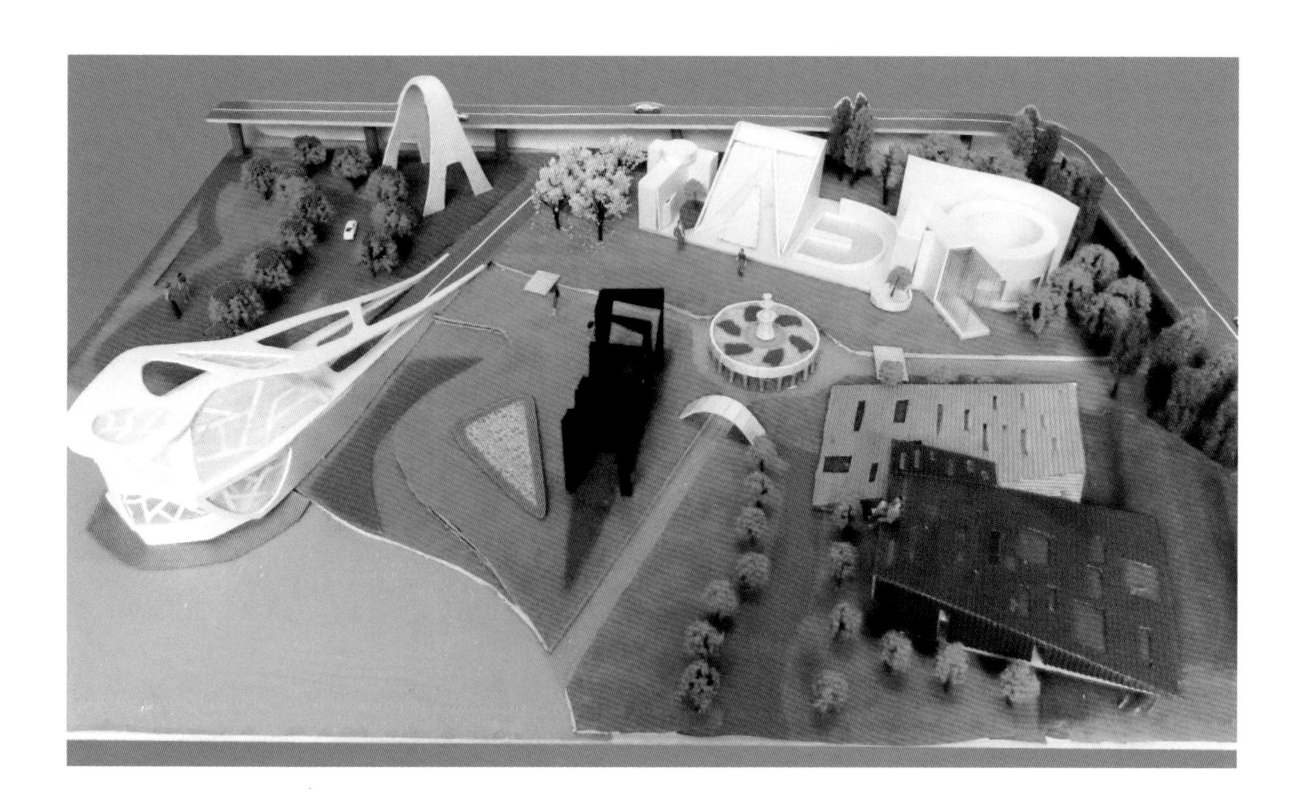

本案例风格较具现代性。广场设计以花坛喷泉为主景，建筑设计风格现代。形体富于变化，色彩明快，同时采用了多种空间处理手法，通过大小空间的对比，达到整体中有变化，疏密合理、生动，烘托出一个活泼的娱乐休闲广场。

本案例风格简约，对古典元素加以提炼，抽象变化，使形体更简洁、生动、明快，既不失古典韵味，又颇具现代感。设计空间虽小，但变化多样。场地以水景为主线，体现“流园”之景，具有流动之意，设计构思巧妙。特别是以凉亭搭配水景，色调素雅简洁，营造了静谧的意境。

本案例风格现代感较强。建筑与绿化景观紧密结合，体现了生态和可持续发展之理念。在创造绿色建筑的同时，又构筑场地周边硬质景观，布局合理，形式优美，点、线、面组织明朗，方、圆穿插又富于变化，主次分明。但是场地中缺少部分休憩和娱乐设施，应进一步增添。

本案例风格偏欧式，规则式镜面水池大小区分合理，流线圆滑，布局优美，静中有动，色调优雅。建筑高低错落、虚实相间、线面结合形式感统一，与镜面水池构筑成协调的休闲空间，功能合理，设计具有实用性、科学性、艺术性，创造出了精妙的异国风情。

本案例恢弘大气，颇有气势。建筑周边景观设计轴线明显，构成中的形的角、线，极为简洁、大气生动，以角为主的构成元素统一又富有变化，色调生动、对比明快。以雕塑呼应建筑，加强了场地的视觉景观。但是景观雕塑与建筑的距离较近，略有紧密、压迫之感，要注意观赏的尺度，可以进一步斟酌突起物的景观距离，并合理安排。

本案例风格具现代性，设计较为抽象，善用符号语言。其建筑设计层次错落，富有韵律和美感，空间围合变化多样，设计独树一帜。作品大胆布局，色调简洁，黑、白、灰布局生动，构成设计注意到了整体与局部的关系，统一中有变化，形式感独特、鲜明。以中心模纹雕塑为主景，既呼应了建筑外观，又体现了场地的独特风格。

本案例具有热带风情，为三亚度假中心的景观设计。各元素既独立存在，变化中又注意到了整体性。色块组织简洁明快、对比强烈，各元素相互配合成景彼此呼应。设计风格突出，但是中心水景划分过于均匀，应当优化水景小空间的岸线和空间大小，形成大小对比、变化多样的水面景观。

本案例结构明了、开朗，布局自然。水体形态优美，各元素分布合理，疏密有致，点、线、面互衬生动，并且设置了亲水平台，满足了人们观水、赏水、玩水的心态。湖景周围搭配观景亭、环湖道路等，进一步完善了场地的功能，优化了服务内容。

本案例为私家庭院的设计，内容简约，风格古朴。设计利用石板路、卵石、水景等营造了安静、自然的场地景观。但是各体量之间大小疏密对比不够，主次不够明确，场地的内容不够丰富多样，元素比较单一，可以增添些景观小品，还应加大疏密对比以增强节奏、突出主体，加强场地的景观塑造。

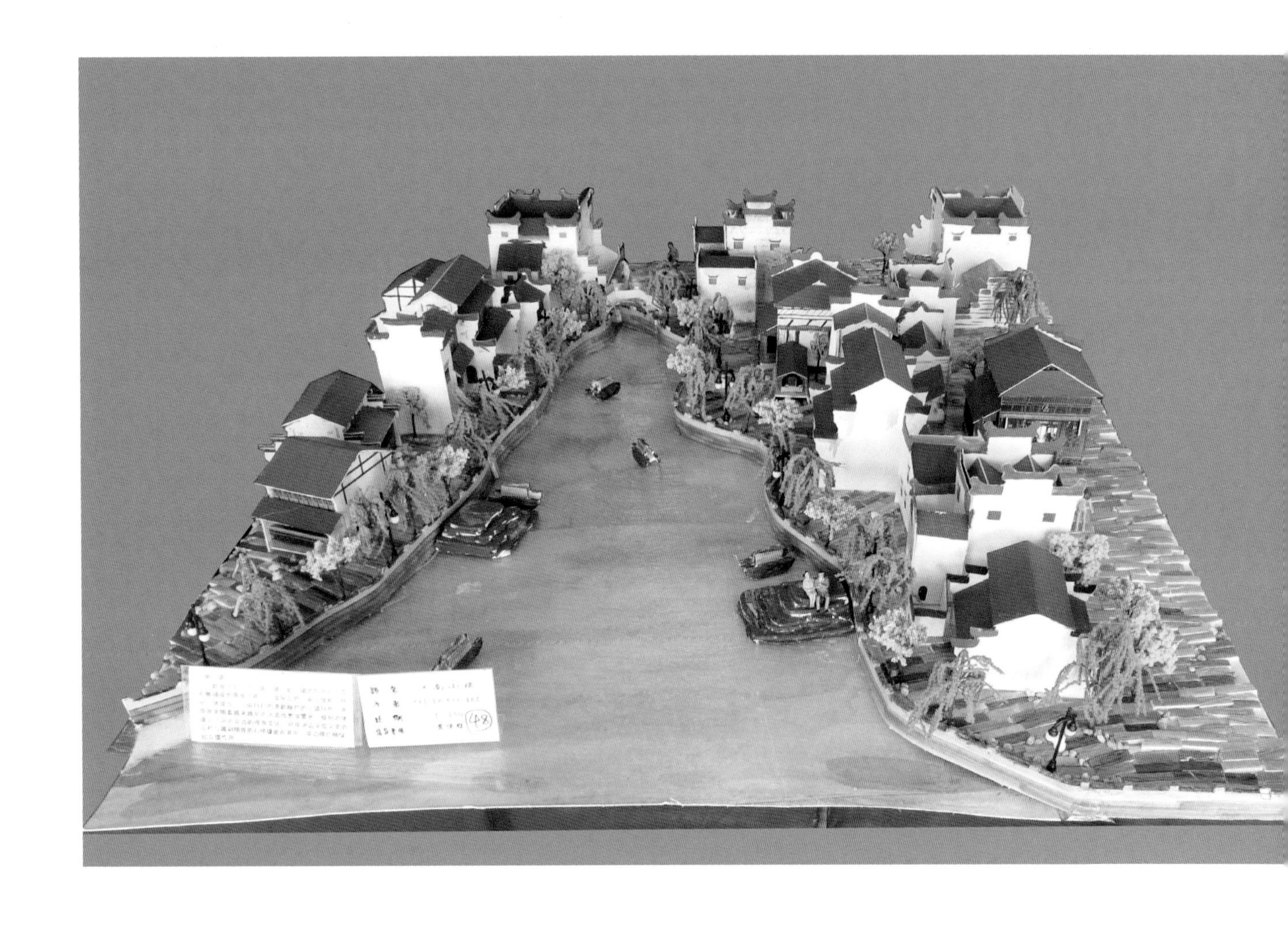

本案例突出体现了温婉明丽的江南风光，设计具有水面曲折流转、“小桥流水”般的江南特色，色彩色调也吻合了意境，起到了以色抒情的目的。两岸建筑疏密生动与整体景观相契合，白墙灰瓦，简洁明快。

本案例主要为风景区规划设计，设计利用各式草坪打造风格独特的场地景观。善于利用水系，硬质感营造了天人合一的景观境界，但是，其水系设计的面积过于狭小，两个水面较为封闭，应当沟通景观水系，创造多样的滨水景观。

本案例为住宅景观的设计，场地内包括池塘、小溪、木桥等景观元素。场地营造了自由宽松的景观环境。内部道路功能完备，设计合理。但是次要景点的设计仍需进一步完善和加强，应增加相应的硬质景观，丰富景观内容。

本案例内部结构清晰，景观结构简洁、清晰。但是其景观水面的设计不合理，建筑与水体的面积比例不协调，面积大小接近，形式美感有欠缺，水面交通过于复杂，面积过大，影响了水体的景观效果。建议减少通行景观的设计，增加围湖平台和环湖道路的设置。

本案例为城市景观的设计，其景观内容丰富。但是造景元素组织主次、整合、疏密的变化存在欠缺。内部景观较为零散。应当规划合理布置好功能分区，创造主要景观和次要节点，明确场地的内部功能面积状况及外部轮廓形态特征的统一及变化。

本案例为某人民广场的设计。设计主体为城市博物馆和儿童主题馆。儿童馆的外形设计生动活泼，符合场馆的主要服务功能。设计场景内部交通顺畅、清晰，但是缺少相应的硬质铺装和服务设施，应当增添中心广场和停车场的设计。

本案例为校园广场的设计，广场整体呈轴线对称形。广场北面为较为宽阔的空地，其周边有景观花坛作为点缀。景观轴线气势十足，布局富有韵律感。但是其国旗广场处较为空旷，应适当增加相应的铺装和景观设施。

本案例为图书馆及其周边景观的设计。建筑设计现代、简约，周边配备有停车场，设计完备。但是场馆周边景观设计过于单调，应当增加相应的构筑物等，增加景观元素，丰富场地周围的景观内容。

本案例为学校景观的设计。设计融水体、植物、建筑等景观要素于一体，利用花坛创造形式各异的景观空间，增强了场地的体验功能。但是景观水体形态有待提升，应当增加滨水景观的相关元素，增加滨水栈道、平台等功能空间。

本案例为球场公园的设计。其内部空间主要由体育馆、购物中心及河滨公园组成，景观为球迷和游客提供了安静的环境和良好的功能。设计以球场为中心，但是周边运动设施不足，应适当增加户外活动区。

本案例为小区景观设计。其道路流线清楚、布局清晰、功能完善。设计将景观活动与场地结合，增设球场等运动空间，体现以人为本的精神。但是入口景观较为单一，应增加景观小品、硬质铺装等，加强入口景观的形式设计。

2. 功能分区与层次

景观内部分区划分应明确合理、层次多样，内部功能要做到合理完善，设计中要注重人文情怀、以人为本。景观功能分区应当兼顾景观的设计主题和设计风格，运用多种设计手法，组织内部交通流线，创造不同的内部功能分区。设计应将自然景观与功能建筑相对比而又协调，凸显自然与人工功能结合之美。设计各元素要相映成趣，内部交通应设计合理，同时也应注重景观层次的丰富性，空间变化的多样性以及功能分区的合理性。设计应尺度规范，科学合理，不断提升场地的舒适性、可达性和交流性。注意运用不同的空间处理手法，在保证平面形式的同时，又创造丰富的立面空间。

如果说合理的空间布局是场地设计的基础，是构筑景观设计的根本，那么层次感则是场地设计的灵魂。如果没有层次感，景观设计将平淡无味，空间体验也将千篇一律。设计在突出主题空间的同时，利用构图创造景观的主景和次景，使场地富有审美情趣。又利用不同形状的空间产生的对比作用，通过台阶、景墙等景观实体对空间加以限定，赋予场地景观的多层次性，使其形成具有不同体验、趣味无穷的景观场所。

本案例道路结构清晰，景观布局分区明确，建筑风格现代，与自然景观相映成趣。景观水池形式多样，内容丰富。内部服务设施较为完善，具有停车场、滨水平台等景观元素，进一步丰富了场地的景观内容。

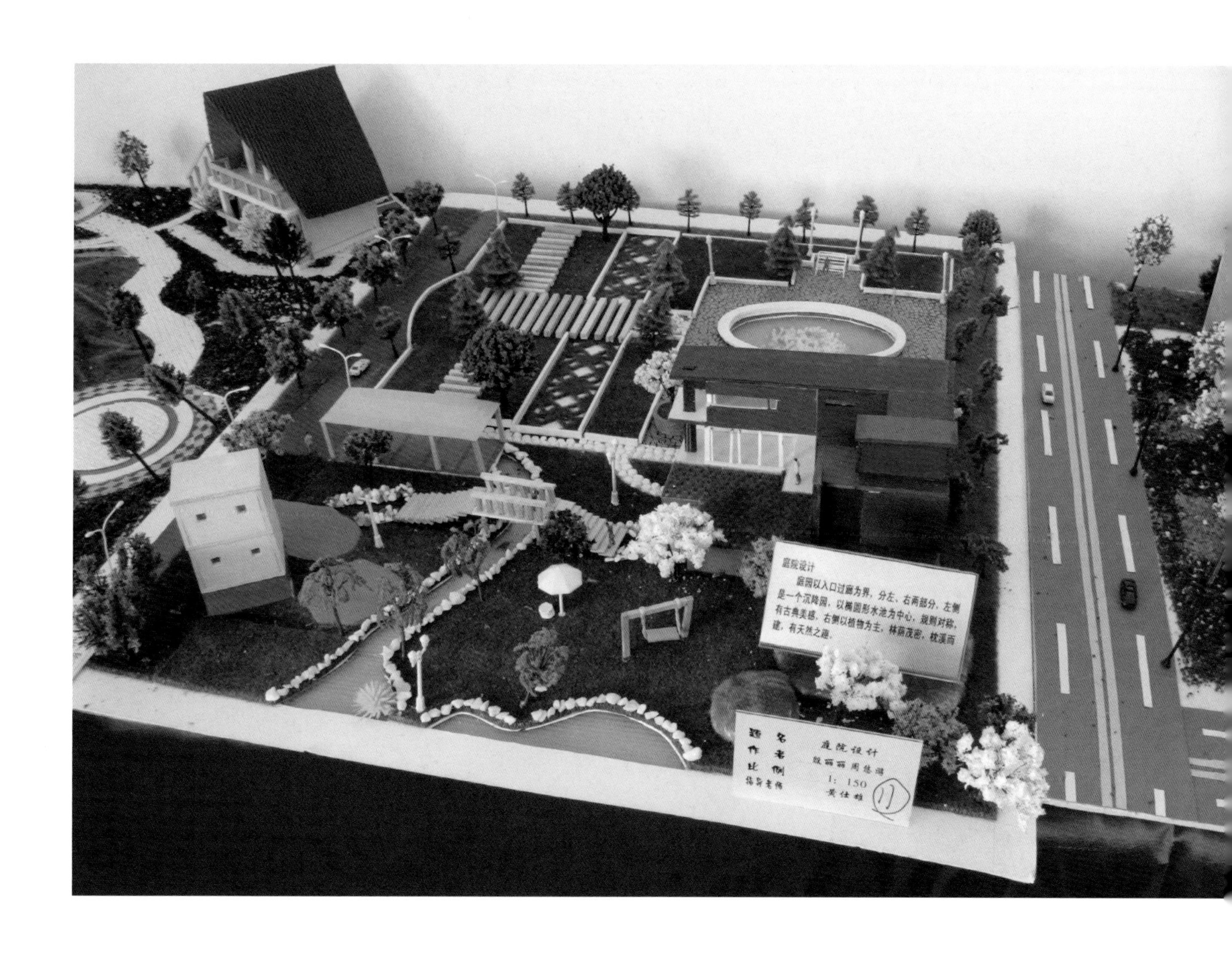

本案例为庭院景观的设计。模型以入口过廊为界限，将整个场地分为左、右两个部分。设计规则对称，具有古典美感。但是其水系设计较为呆板，应丰富水系景观的内容，增设观水平台，创造更加优美动人的滨水景观。

本案例内部功能划分明确，具有实用性和美观性。设计利用植物创造流动的绿带，在景观上具有冲击力。同时设计了篮球场、广场等景观设施，整个设计规整中有变化、有层次、有节奏、有韵律，点、线、面构成生动。设计具有人文精神，内容丰富多样。

本案例为滨海广场的设计。设计内容丰富，融码头、亲水平台、现代建筑、中心广场于一体。码头形态统一中有变化，内容完备。广场景观临水而设，具有节奏感和韵律感。景观内容多样，元素组织生动。

本案例为校园景观的设计。设计内容包含了小型建筑、景观桥、景观亭和人工湖等内容，兼具功能性和观赏性。景观结合了学校的主题环境，设计以人为本。但是其广场空间略显狭窄，可以适当拓宽广场的景观面积。

本案例为住宅区景观的设计。设计内部功能分区明确，既有供人观赏的景观水体，又有提供健身的运动场地。其内部交通系统较为便捷，景观元素多样，建筑风格统一、协调。设计具有整体性和系统性。

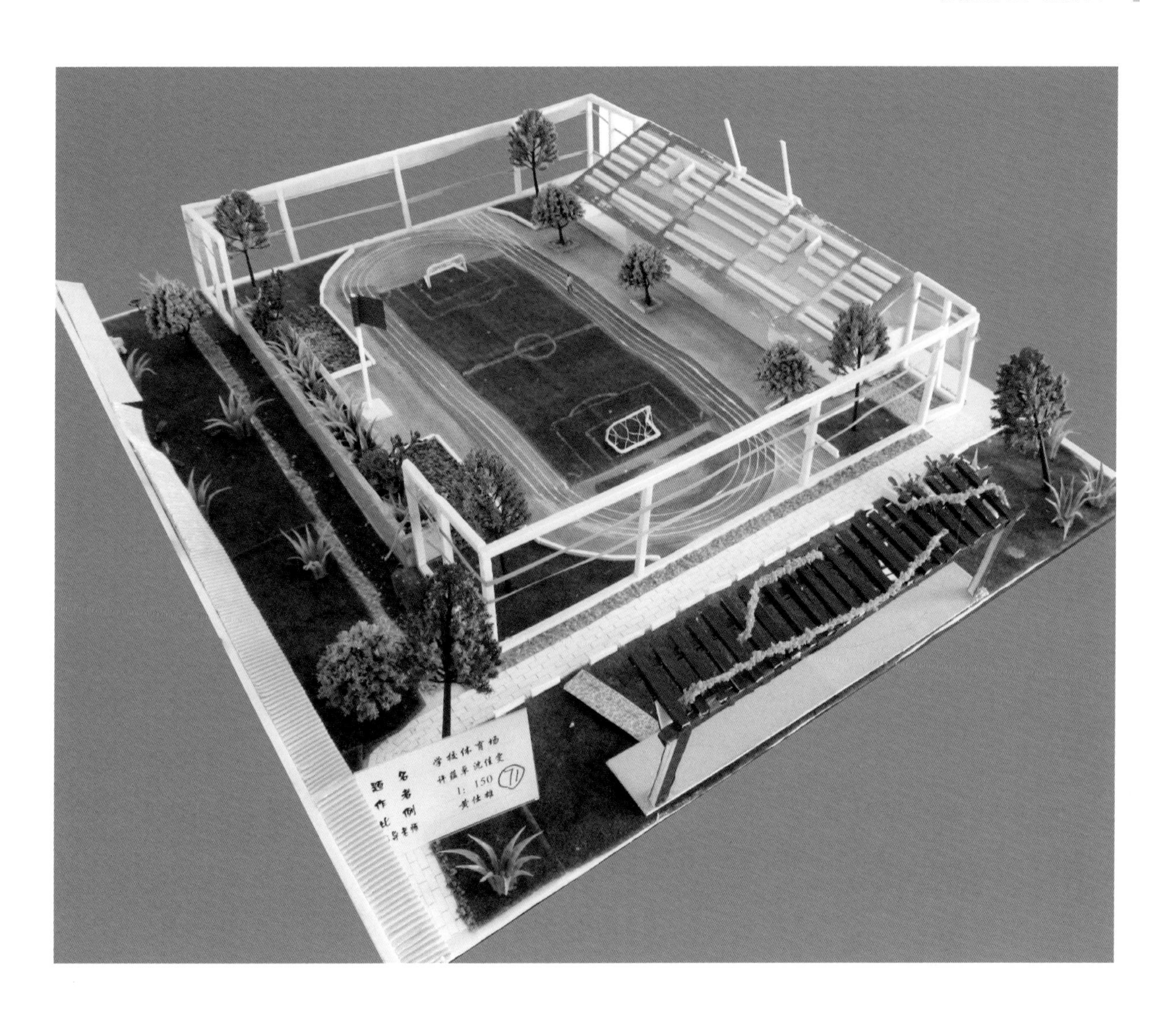

本案例为学校体育馆的设计。设计在满足基础功能的基础上，尺度适宜、规范，符合标准。场地内部服务设施较为完备，同时增添了景观廊架作为呼应。但是，设计应考虑景观的动静分区，将廊架等设施与操场进行隔离设置。

本案例设计新颖，色彩明快鲜艳，形式多样。设计以水构筑景观轴线，显示磅礴气势，具有引导性。设计将建筑与场地完美结合，在创造多样景观的同时，营造了与之气质相符的场地和建筑风格。设计具有较强的形式美感，整体构成协调、生动。

本案例设计形式优美，布局活泼。建筑入口处利用花池和铺装加强引导作用，引人入胜。设计内部功能完善，尺度适宜，同时具有艺术美感，景观元素丰富，空间布局多样，方与圆的组合规整中又具有变化，交通合理、顺畅。

本案例主要为中式小公园的设计，设计巧妙地利用地上、地下两个空间层面，营造了风格统一的景观场景。底层空间的营造类似中国古典园林“天井”，设计独具匠心；上层空间内容丰富，特色突出。

本案例结合地面高差和水体，运用地势落差，并结合种植池、台阶等营造出了富有层次感的场地空间。规则式的水体与场地相结合，以面为主的平面构成产生了极具韵律感的景观效果。但整体构图过于规整，可以适当进行“打破”。

本案例为城市滨水广场的场地设计。主要利用园路强化了场地的竖向空间的明度、色相和层次，又结合码头、滨水建筑等充实了广场的景观内容，达到整碎、疏密、点线面的多样变化。

本案例依水而展开设计，借助台阶、挡墙、地形等塑造了变化丰富的景观空间，形体的动与静、曲与方、线与面，其变化多样、趣味无穷。但设计时应当进一步考虑景观视线之间的关系，右侧挡墙过于密闭，应适当增加透景线。

本案例设计利用台阶将中心场地进行抬高，并利用景观柱排列形成具有序列感的场地景观。设计简洁、大方，很好地结合了平面和竖向景观，构成意识强，色调素雅。不足之处是景观中心略偏移，应注意景观布局的均衡性。

本案例利用景墙和微地形构筑景观空间，形成具有围合感的观赏空间。同时利用圆形模纹，强化空间氛围。但是景墙设计过于密闭，给人压抑之感；模纹设计过于对称，不具美感。应当适当营建开敞空间，形成良好的观景视线。

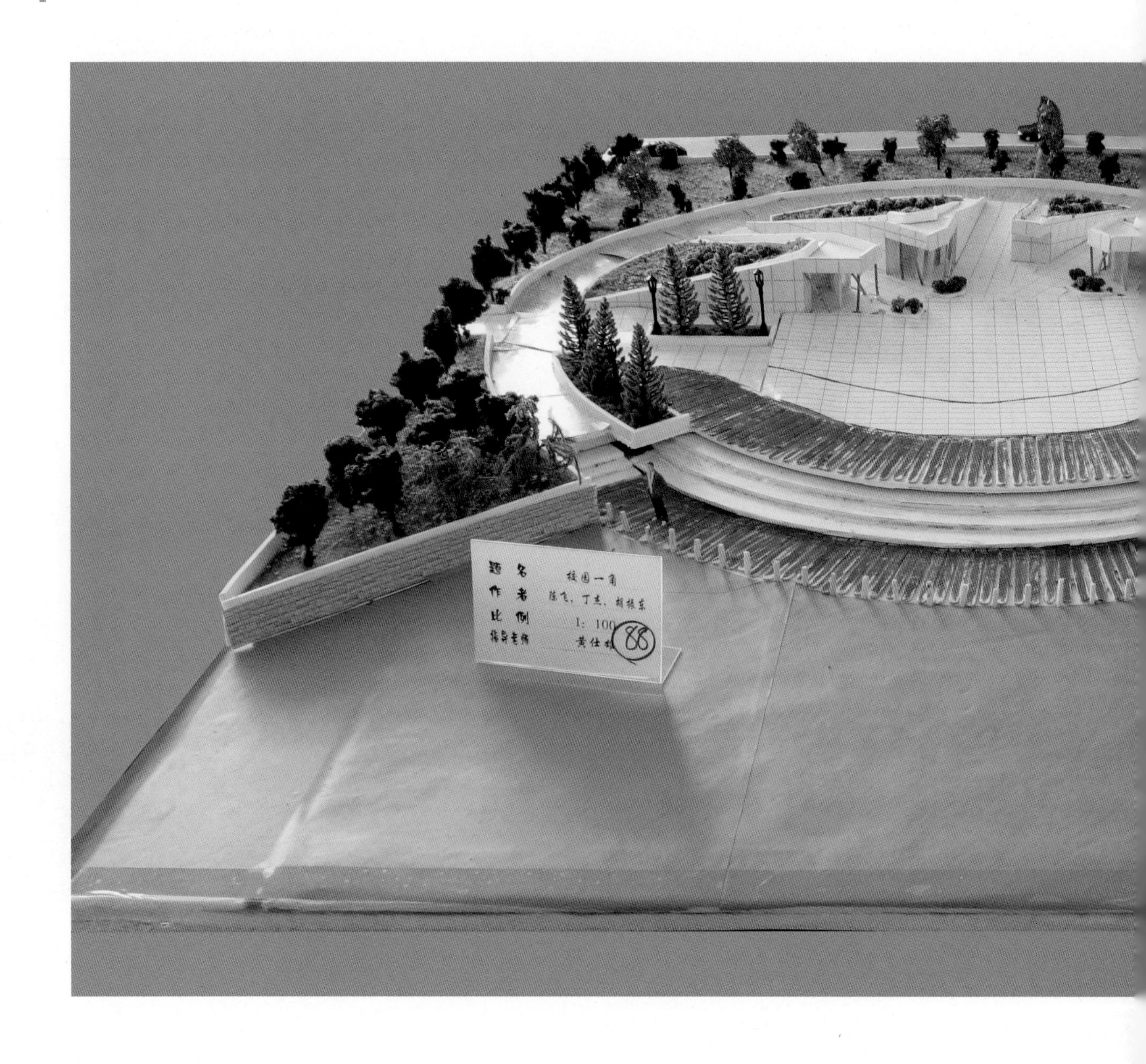

本案例利用花池抬高，塑造了多样的空间体验。设计整体以圆形构图为主，北侧设计滨水台阶，南侧通过上升阶梯将花池景观和人的观赏相结合。设计尺度适宜，空间整体中又寓变化，布局精巧，是一幅整中求变化的构图。

这个是为了课程要求再现的校园一角，我们一眼就能看出这个是我们南方学院的文化广场。严谨的比例与周围景色的布置，有没有一种身临其中的感觉呢？

本案例设计具有生态理念，利用屋顶绿化，丰富场地的空间变化。但是底层地面景观设计过于简单，应强化水系设计，增添滨水平台等观赏物；屋顶绿化可以变为可进入式，增添部分硬质和轻便的游憩设施。

3. 内外交通、流线功能流畅

场景应合乎设计规范，经济技术指标和各部分所占比例合理。景观设计要具备科学性和合理性，设计尺度得当、内容完善。交通对于场地来讲至关重要，交通系统是整个场地景观的基本骨架，也是景观建设的根本。场地设计应遵循交通线路设计合理、内外交通衔接流畅的设计原理，建立层级分明的道路系统，明晰各类功能空间对景观道路层级的需求，完善场地的景观系统。同时，景观结构也应明了、清晰，内部要素完备，形式多样，同时具有多种服务功能。模型在考虑场地内水景、绿植景观的同时，通过设置流畅的景观流线，辅以清晰的广场功能划分，形成景随人行、移步换景的美妙景观效果。通过设置交通游线，创造不同的空间层次，设置不同的交流空间，使场地更加具有休闲和娱乐的功能。此外，设计还通过创造不规则的道路景观，进一步增强场地的形式感和体验感，带给游人更多的景观游览体验，实现场地中人与景观、人与自然之间的交流互动，实现设计的人文理念。

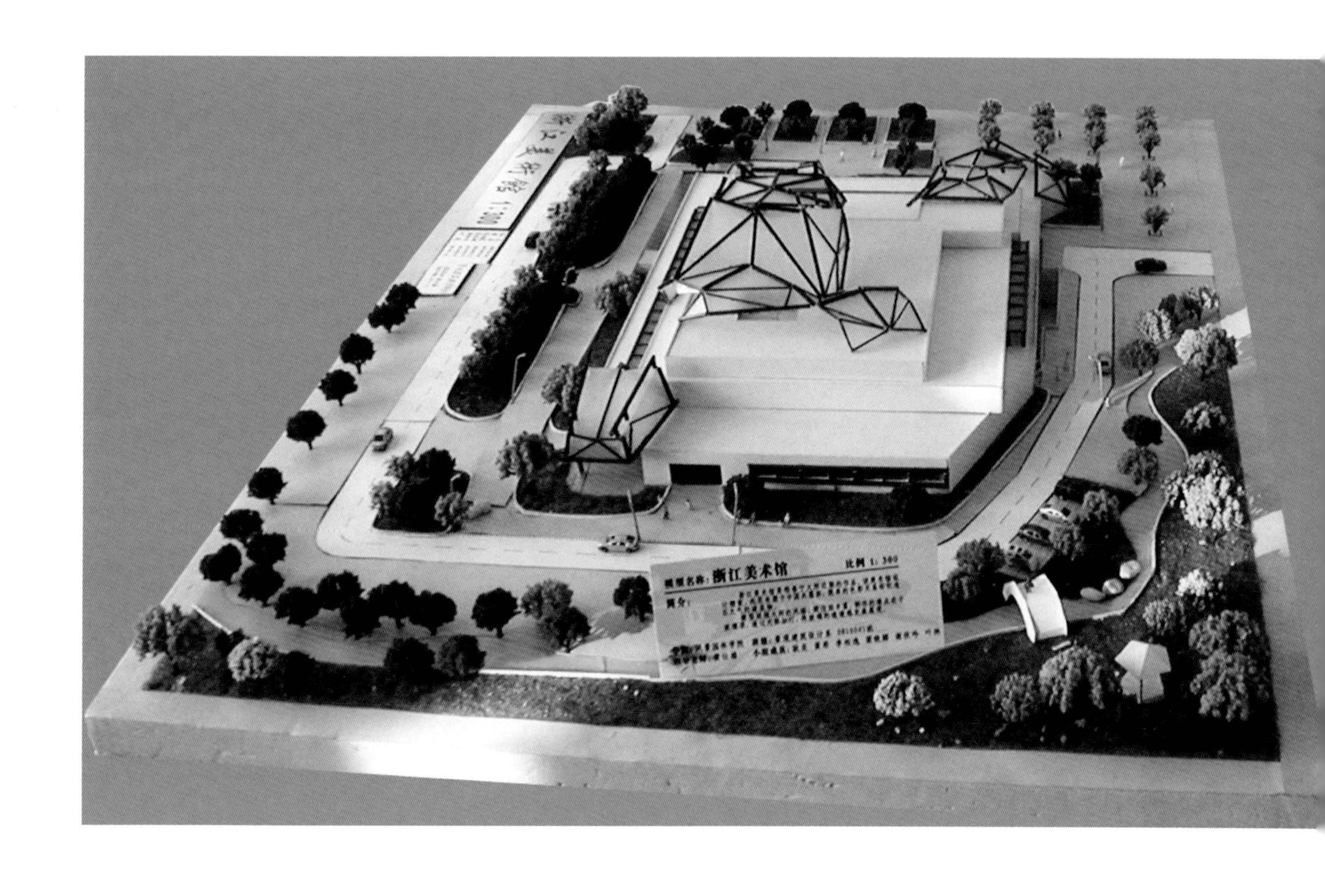

本案例为美术馆的设计，建筑设计风格现代，具有创造性。场地内外交通流畅，衔接合理。设计结合水系、景观构筑物、花池等分割场地空间，创造趣味景观。但是其出入口景观较为单一，应增加景观元素，引导人流。

本案例为青年文化中心的设计。建筑风格现代，内外交通衔接合理。但是缺乏停车场等配套服务设施，广场入口景观不够丰富。应当在场地入口增加吸引人流、引导视线的景观设施，增强场地的完整性。

本案例为城市建筑广场的设计，其建筑恢弘大气，风格现代。广场前采用花坛、树木、水池等进行轴线景观的强化，具有强烈的视线引导作用。内外交通衔接得当，设计内部经济技术指标分配合理。

本案例为城市娱乐广场的设计，功能多样。内部功能分区为草地、道路等，以满足人们健身需求为主。设计兼具实用、游赏功能。中心雕塑景观成为全园焦点，具有凝聚景观视线的作用，活跃了场景气氛。

本案例设计交通流畅合理，但是建筑风格形式杂糅，各种风格不同的建筑聚集一地，略显凌乱。水系设计过于呆板，中心景观不够突出。应当统一场地内的景观建筑风格，优化景观水系的形态。

本案例为空中花园的设计。设计分为两层，底层为休闲广场的设计，二层为屋顶花园。园间小路周围设置各类服务设施和景观小品，内容丰富、功能完善。但是花园顶部的荷载过大，应减少大体量的景观设施，增加小体量景观，完善场地的景观效果。

本案例空间分布尺度不够规范、合理，场地景观内部缺少相应的服务和配套设施。应当增设停车场等服务设施，完善场地的景观及空间功能，加大集水的面积。

本案例为城市广场的设计。景观风格恢弘大气，设计规整却又不失自然之感。建筑景观轴线明显，空间层次分明，增强了场地的整体气势。但是景观尺度设计不合理，右侧景观亭的尺度过大，应注意与周边景观的尺度协调。

本案例建筑设计规整有序，空间尺度合理、规范。场地内外交通衔接流畅，水系婉转曲折，富有古典主义精神，与建筑风格完美吻合。但是设计缺乏多样化景观，应当增加相应的景观小品和构筑物，丰富场地景观。

本案例地形以大面积水域覆盖为主要特点，而设计者从汀步廊道出发，充分满足游人亲水意愿，通过设置水边、水中的游览路线，结合地形营造合理的景观及布置公共服务设施，实现游人游览中娱乐与观赏之功能。

本案例通过不规则折线式游览小径，将场地划分为四个功能区域：入口广场、中心水景、廊架花境、喷泉造景。其间道路组织主次分明，公共设施配套合理。四个功能区域相互联系却又彼此独立。模型用色大胆丰富却不突兀，真正实现了景观与人之间的能动性、流动性。

本案例以变化的水为“景观线”之一，贯穿全区域。同时配以合理而精巧的人行小径、廊道，将原本割裂场地的植被、水景、铺装等相互连接，达成有机的统一与和谐。此外，辅以各种景观小品丰富场地设计，使得区域环境景观设计多变，充分达到游人观赏休憩的使用功能。

本案例以功能划分为立足点，从游憩、观赏、娱乐、服务四大功能出发，分别设计了可供游人游玩休闲的喷泉区，可行走观赏的滨水景观区，可娱乐体验的运动区，可享受服务的公共服务区。通过合理的道路流线组织，有机结合、统一四大功能区，形成和谐而丰富的广场景观体验效果。

本案例设计元素新颖、组织巧妙，以空间流畅为主要设计思路，其中场地以两侧变化多样的人行道为主要景观轴线，形成统一与和谐的环境特色。辅以人工水景，建筑场地看起来内外有机统一。

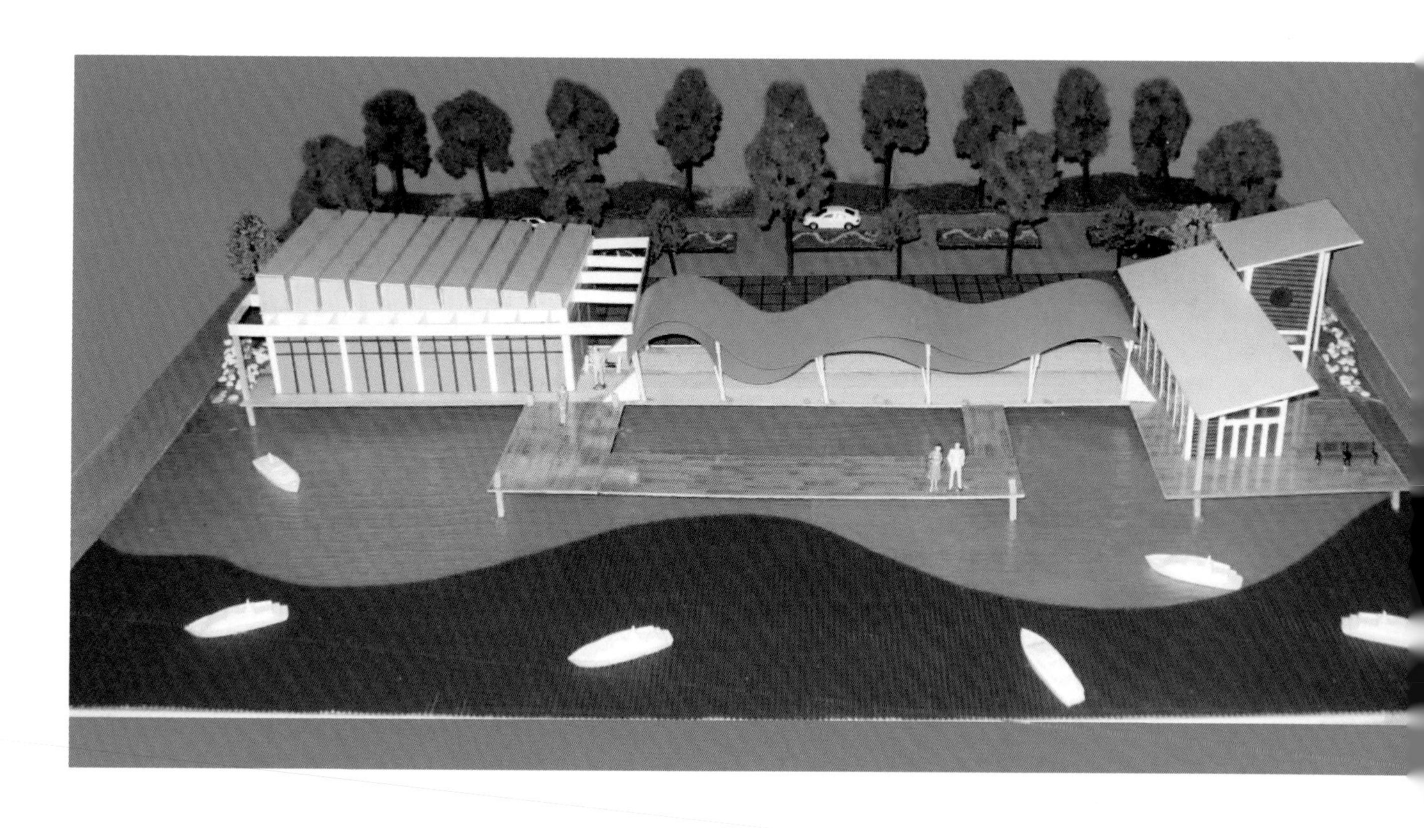

本案例以中式自由式道路布置为主要设计切入点，通过高低错落的廊道、滨水汀步与周围景观绿化相结合的布置手法，划分场地内功能分区，整体设计活跃流畅，真正实现移步换景、景随人动的效果。

本案例以中式风格为主，内部交通设计合理、层级分明，交通结构清晰。景观布局较为完善，水系设计优美，要素具备且科学合理。设计充分利用原有场地条件，丰富场地内容，凸显场地文脉。

4. 水系

设计以水景为主体，水系设计应精巧，岸线曲折、婉转。临水景观设计需独具匠心，以满足游人的观赏需求和使用需要。由于水系的可塑性和灵活性较强，因此利用水系可以塑造多样景观。水系设计内容多种多样，通过水连接滨水景观，丰富场地景观设计效果，让游人获得更好的景观体验。因此，水系的设计直接影响了游人的直观感受。水系的设计应当布局合理，结构科学，具有科学性和美观性。在体现水景的同时，又与其他景观要素完美契合，做到场地水系的合理性组织，达到功能和艺术的完美融合。

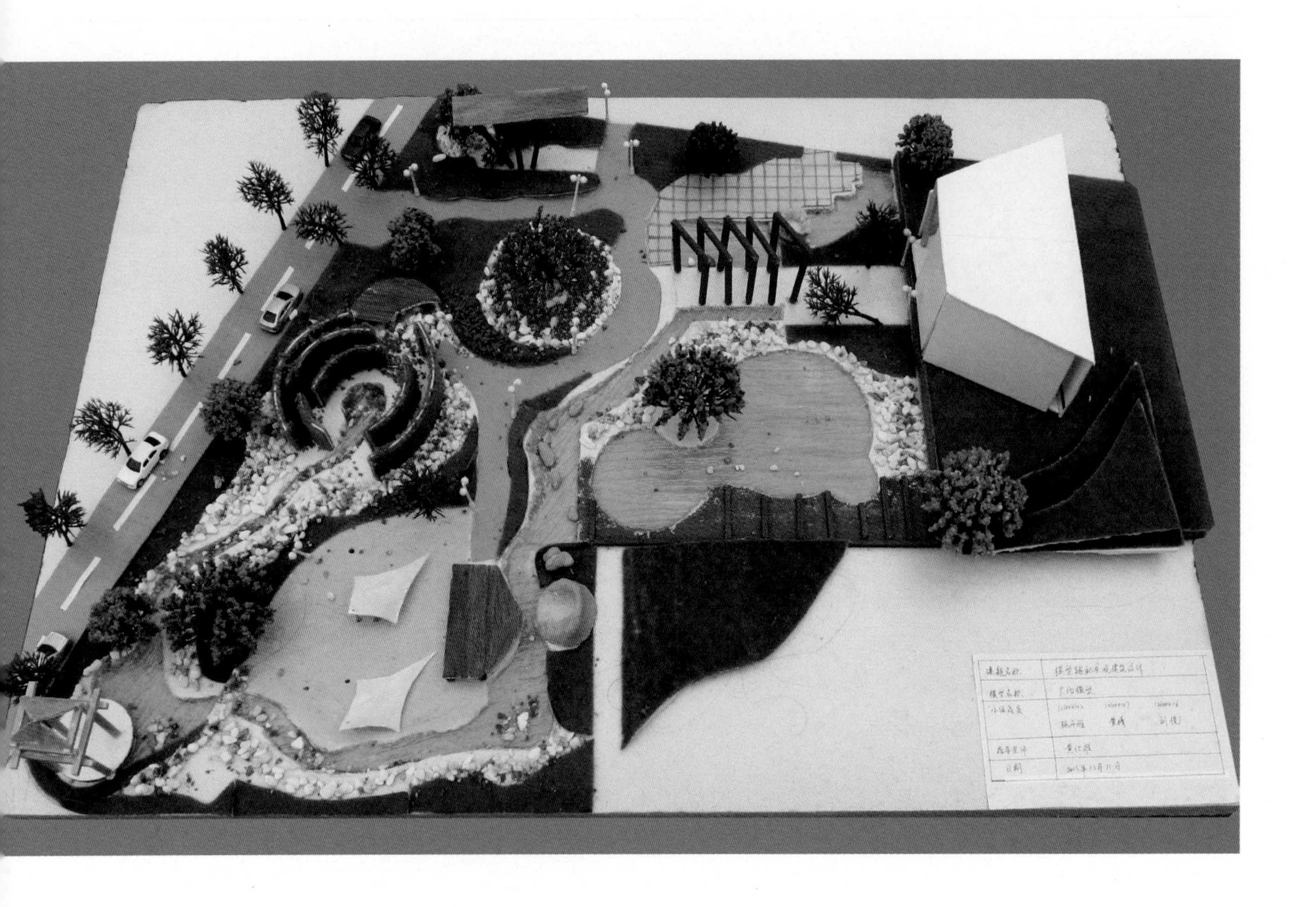

本案例以水为主线，贯穿整个场地，水系婉转，设计科学。道路结构清晰流畅，功能较为合理。但是其硬质广场的设计较为零散，软质和硬质景观界限较为模糊，应明确硬质边界，勾勒场地轮廓。

本案例为校园建筑景观的设计。场地地形平坦，设计利用水系平衡土方。建筑分布规整有序，空间层次丰富。功能分区合理，满足日常教学和娱乐功能。场地内设置球场设施，但是其他景观内容较为单一，应丰富活动内容和景观内涵。

本案例空间划分不够合理，层次感弱。其色彩丰富，形成强烈的视觉反差，并且将假山分为两个区域，设计水系流线不流畅。水的面积太小，水的周边布设没有很好发挥其亲水的作用，其整体布局有待提升，需要进一步丰富和完善景观内容，加强内部功能。

本案例流线设计优美，功能区分合理，设计科学。曲线流畅，水系婉转。场地中主要以草坪绿地为主，体现了生态之美。但是其水系过于规整，应加强水系的宽度变化，创造更加丰富的水景。

本案例中心焦点是水池，曲线生动，水池中心又以喷泉作为主焦点，设置了景观廊架、亲水平台、高层观赏台等鲜明且具有实用功能的景观建筑，并且与周围的水景搭配，形成呼应关系。

本案例设计高差明确，极具冲击力。背山靠水的景观契合了中国传统造园景观的精髓，又以高差突出的中心护坡绿化，增强了场地的空间感。水系设置曲折、生动、合理，滨水景观辅之以平台等，兼具美观和使用功能。

本案例水系曲折，大小水面开合有致，形成具有序列感的场地景观。景观道路布置合理，功能分区明确。但是其主要景观内容有待丰富，缺少景观小品和停留设施，应当增加相应的景观停留设施来完善场地的实用性。

本案例布局结合了自然及规则式两种布局，为混合式布局。南侧以规则式花坛为主，景观序列感较强；北侧为景观水系，同时以横跨石桥作为南北两侧的交通连接点。水系周围安排景观廊架，较好地满足了人们的休憩需要。

本案例布局以中式自由式道路布置为主要设计切入点，通过高低错落的廊道、滨水汀步与周围景观绿化相结合的布置手法，划分场地内功能分区，真正实现移步换景、景随人动的效果。

本案例水系岸线曲折，建筑风格现代，但是内部交通不合理，部分场地没有道路铺设，景观形式单一、内容缺乏。应当增加观景元素，丰富场地的结构和景观功能，加强场地的内在联系。

5. 构成形式、要素风貌与空间

景观形式应做到优美，要素需具备风貌独特，空间设计多样。场地设计在创造人工建筑、构筑物的同时，又要与周围景观较好地契合。设计在尊重原有现状的基础上，应当尊重游览者的心理体验和景观视线，创造更加人性化的景观设计和空间体验。设计元素要做到丰富多样，形式语言要做到多样统一，构成中的均衡、对比、呼应、疏密、开合等手法要进行巧妙地运用，使景观场地更富有艺术感染力，来达到场景的新颖、别致。同时，景观风貌作为场地景观的风格体现，对于展现场地的设计理念，凸显人文情怀具有重要意义。设计通过景观布局、功能分区、空间层次、艺术手法来展现，不同场地类型的景观应遵循不同的景观风貌设计理念。在创造空间时，对原基础平面进行挖方，降低平面或者添加泥土进行造型，来完善景观的内部布局。艺术的创造需要结合主体和景观中心，把握场地的虚与实、对立与统一的关系；应该重视色彩的应用，景观色彩具有加深景观、景深的效果，不同的色彩可以创造不同的场景效果。景观设计的颜色搭配应当遵循视觉原理和科学原理，创造合理且视觉景观丰盛的场地设计。

本案例为度假区场地景观设计，场地展现了度假区的整体风貌。其内容包括酒店、旅馆以及观光中心等风格迥异的建筑。设计将人与自然的关系纳入思考，在创造人工景观的同时，兼顾了自然的原本肌理。

本案例为校园景观的设计，宗旨是为师生提供优良的学习及工作环境。其主体建筑与周围绿化相结合，营造出宁静、祥和的景观氛围。景观寄情于景，造型统一且富变化，形体有面、有线、有点，注重开合聚散，融时代特色和创造精神于一体，给人别致、新颖、大气的感觉。

本案例为庭院景观的设计，利用人工花坛、篱笆等体现了人工景观，又结合绿植等，使人工与自然结合。但是，场地功能分区不够明确，缺少景观服务设施。因此，应当增添辅助景观以及景观小品等，丰富场地功能。

本案例为现代展馆的设计。展馆设计风格现代，周边多为模纹式景观，场地在凸显人工精致的同时，又具自然韵味。但是景观内容略单薄，缺少人文的互动景观。应当在增加场地内观赏景观的同时，加设具有人文内涵的景观构筑物或者基础设施等。

本案例形式壮观、优美，恢弘的场地及建筑以几何的形态图案表现，统一又富有变化，有节奏、有韵律，表现了古典的法式情怀。在符合西方规则式景观的同时，又凸显了园林的气度。设计配合雕塑和水池，将自然风光和人文精神结合，很好地展示了空间意境。

本案例是以凡尔赛花园为模板，为西式花园广场。别墅前方为四块草地花纹，其两两对称，颇有气势。场地景观集中体现了西方的中心几何设计美感，华丽中既给人典雅之感，又具趣味。

本案例为法式园林和意式园林的组合风格，构成手法新颖，几何组织生动，形、线、面、点多样丰富，疏密对比明快。景观大门主要采用意大利式园林的造园手法，设计将规则式园林的布局手法应用于平地中。人们在享受优美景观的同时，又满足了游憩需要。

本案例水面曲折，驳岸优美。水面中心创造性地利用树池分割空间，丰富了场地的景观。场地亲水平台由三个圆形组成，形式富有韵律感。设计功能完备，景观完善，道路结构清晰、合理生动，富有艺术性，又具功能作用。

本案例为城市公园的设计，遵循了“以小见大”的设计原则。场地模型以水为界，南侧借鉴了中国古典园林的设计手法，北面则以规则式园林设计为主。但是其风格偏杂，没有整体性。应统一设计风格，让整体更加协调，创造形式语言更统一的景观。

本案例以五角大楼为设计模板，并加入中国传统的“天圆地方”的观念，视觉景观丰富。其整体氛围低调、朴素，以景观减少建筑物的僵硬感。但是水系设计过于平直，将场地一分为二，应当斟酌水系的形态，创造曲折多样的滨水景观，加强形体的构成组织。

本案例为校园内部中心广场的设计，方案简洁、构图精巧。善于利用不同高差，塑造坡度景观。但是，场地的整体景观划分较为破碎，导致景观的不完整。因此应强化各部分之间的关系，形成具有韵律感的场地景观。

学校一角
学校一角
1:200
60

本案例景观要素较为齐全，设计融合了构筑物、水体、绿植等景观，内容丰富。但是缺乏成熟的功能分区和中心景观，各景点之间的构成元素缺乏联系，道路不通畅。因此，应完善道路系统，增设一二级道路，增添功能分区，进一步规范场地设计。

本案例为街头公园的设计，其内部景观较为丰富。但是道路设计有待提升，部分景点缺少道路联通，亭廊摆放位置阻碍通行，不够合理。因此，应当进一步调整各景观的位置分布，加强交通布设，完善道路等级。

本案例在营造水景的同时，兼顾场地景观轴线的设计。场地主要利用斜构图的方式，中心以喷泉水景为中心，既起到了收束景观视线之效，又起到画龙点睛的作用。道路层级明确，布局合理，主次分明，构成形式强烈，统一中又有变化，景观完善。

本案例景观要素较为完备，景观内容丰富，设计手法多样。但是整体布局较为分散，水系岸线较为平直，场地略显零碎，道路景观较为单一，应当加强各分区之间的道路连接，注意桥体的高度和宽度。

本案例为校园建筑景观设计。建筑设计风格现代，符合校园的向上气氛。水面幽静，营造出一幅恬淡的半开敞空间。水面结合读书平台，增加了活动场地，完善了景观的内部功能。

本案例景观风格简约、现代。其建筑设计利用高差，构筑灰空间，丰富了场地的功能和内涵，为人们创设了建筑下的景观。又将廊架与建筑结合，设计具有组合性和创新性。但是道路结构不完整，喷泉景观没有道路通过，应当增加相应的道路建设。

本案例景观具有现代景观的简洁性、创意性。设计利用水景构筑“鱼形”意象空间，景观围绕水池而建，布局合理。但是道路有待完善，没有形成完整的园路结构，应查漏补缺，补足相关等级道路的建设。在设计时，我们不仅要注重形式美感，同时也要注重其功能性。

本案例为现代中央商务区的设计，设计在满足人们办公和购物的同时，构筑了具有未来主义的场地景观。但是左侧广场设计较为空旷，内容单一，应当增加场地中景观设施的布置，进一步凸显场地功能和人性化设计。

本案例利用地形构筑场地景观，设计掇山理水，在维持场地土方平衡的同时，构筑了内容丰富的园林景观。但是水系处理得不够完美，水面划分不明显，应进一步丰富滨水景观，增添景观内容。

本案例布局规整，设计元素多样。建筑结合地形而建，又和水景相结合，形成交相呼应之感。但是水面面积较小，与场地面积不协调，应进一步调整水面面积和形态，形成有山有水的自然景观。

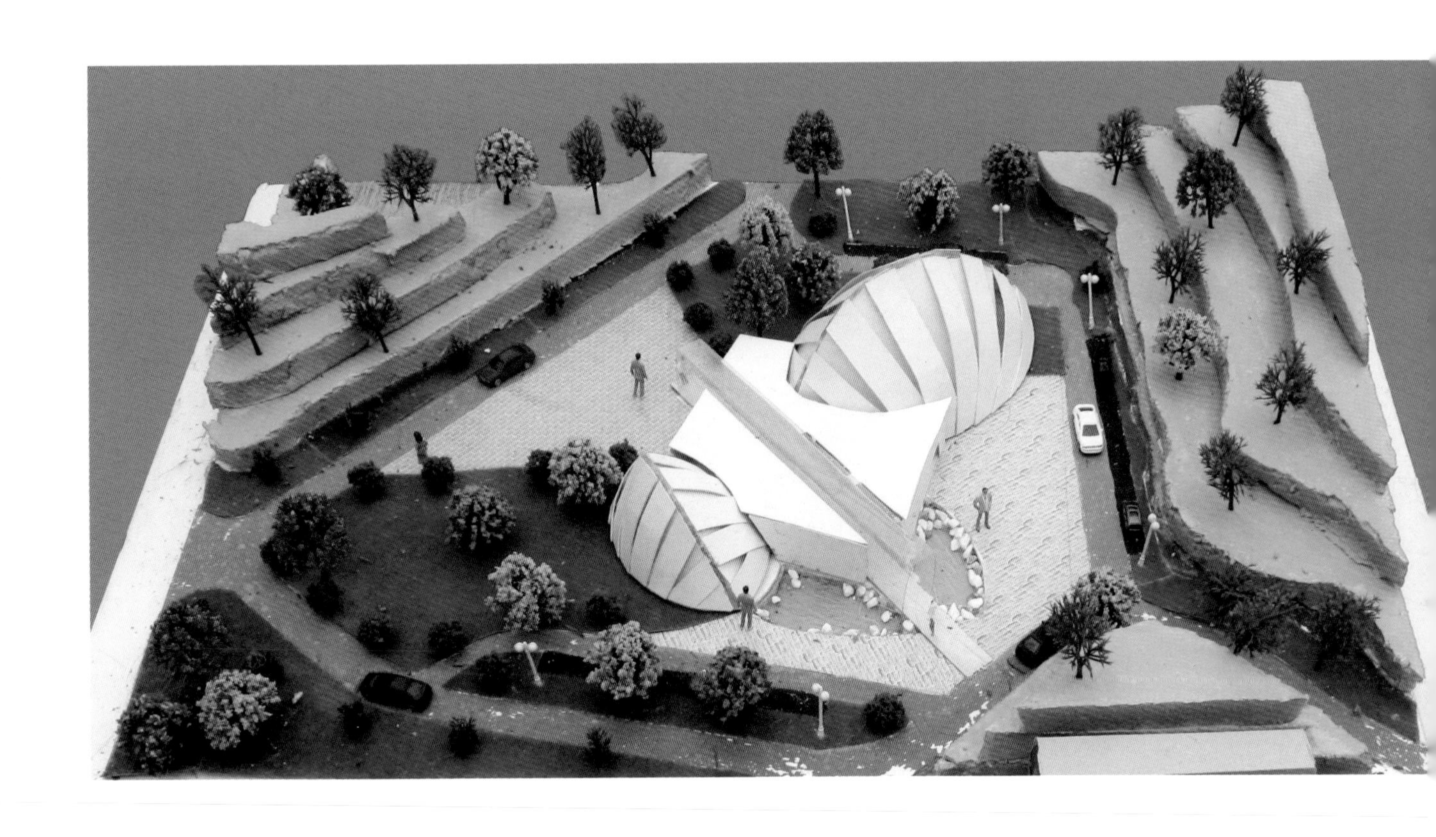

本案例设计以中心建筑广场为主景，建筑抽象地提取了树林中“叶”的元素进行构成设计，把两侧地形进行抬高，营造山谷之感，形成具有内聚力的围合空间。设计布局合理，内容丰富，地形变化多样。

本案例掇山理水，筑土为山，引水为河。建筑闭合有致，空间规整，层次错落。场地最高点安排楼阁观景，形成了丰富的景观视线。又以水景从中间蜿蜒绕过，既体现了古典主义情怀，又有滨水临山的意境。

本案例建筑风格现代，构成形式感强，布局合理，景观风貌突出。理水筑山，场地竖向变化丰富。场地内虽有水系，但是缺乏设计感。应结合大小水面，创造丰富水景，融合周边建筑小品等，进一步丰富场地的景观内容，使建筑与环境更加协调统一，更具活力。

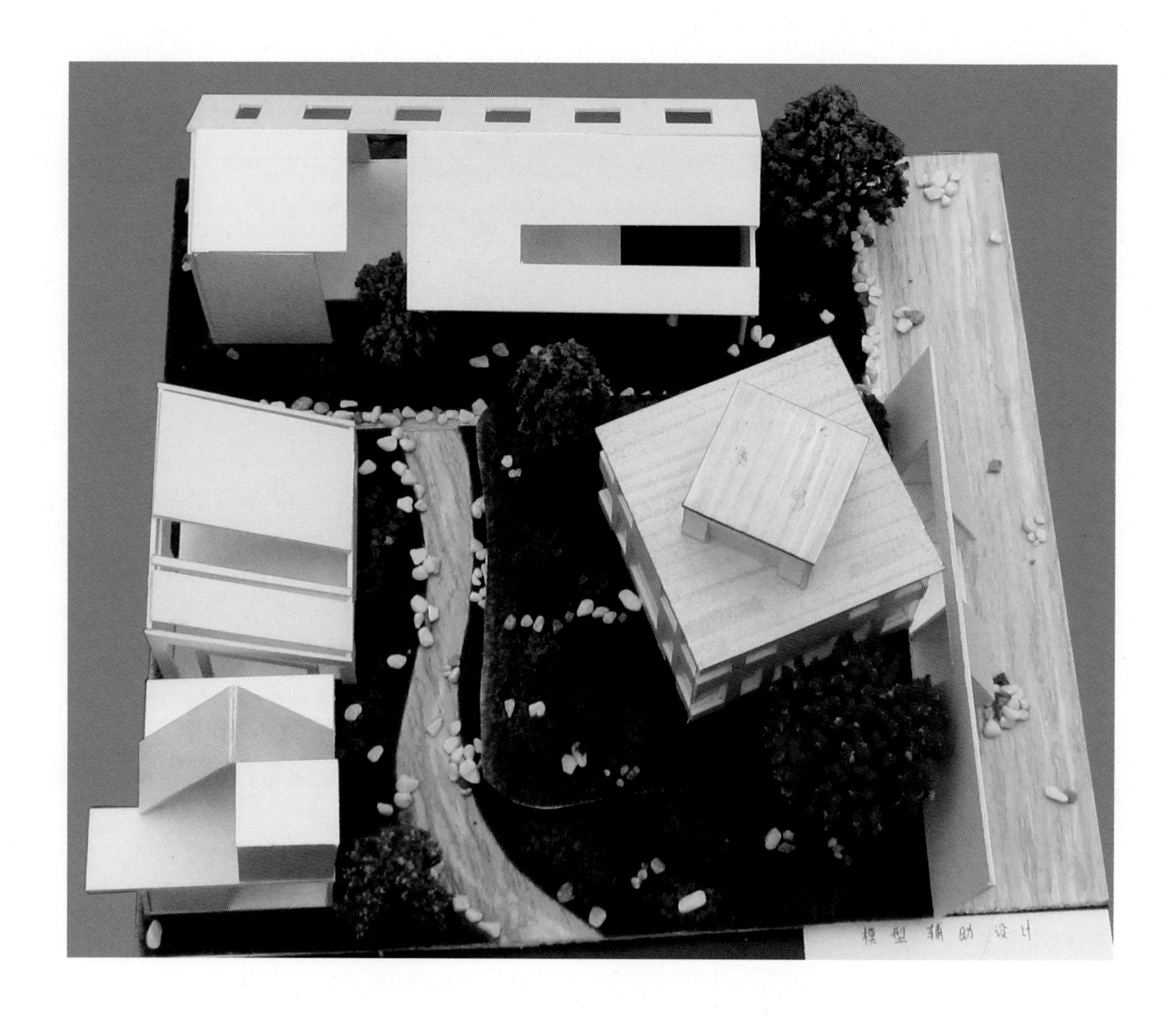

本案例建筑与周边环境完美契合，其形状现代，富有悦动感。景观布局合理，结构清晰，特点突出，具有自然风貌。场地中部，通过微地形进行抬高，形成了竖向变化丰富的场地景观。

本案例融植物、建筑、水体等于一体。建筑与自然山体契合，又布设硬质广场和休憩空间，进一步完善了场地的内部功能和空间划分。但是其水系设计较为呆板，应注意水面的大小开合，结合滨水小景，创造更加丰富的场地景观。

本案例依山而建，临山就水，布局合理，将人工建筑与自然山体结合，突出“建筑本身就是一道风景”的主题。道路布局合理，具有一定的实用性。但是，其景观的多样性有待提升，可以增加相应的景观节点，丰富景观内涵。

本案例层次多样，空间变化丰富。将建筑与地形结合，布局因山就势、因地制宜，设计元素多样，功能合理。但是场地缺乏其他的辅助空间及活动场地，应进一步从人群需求的角度出发，增设相应的娱乐设施及硬质场地。

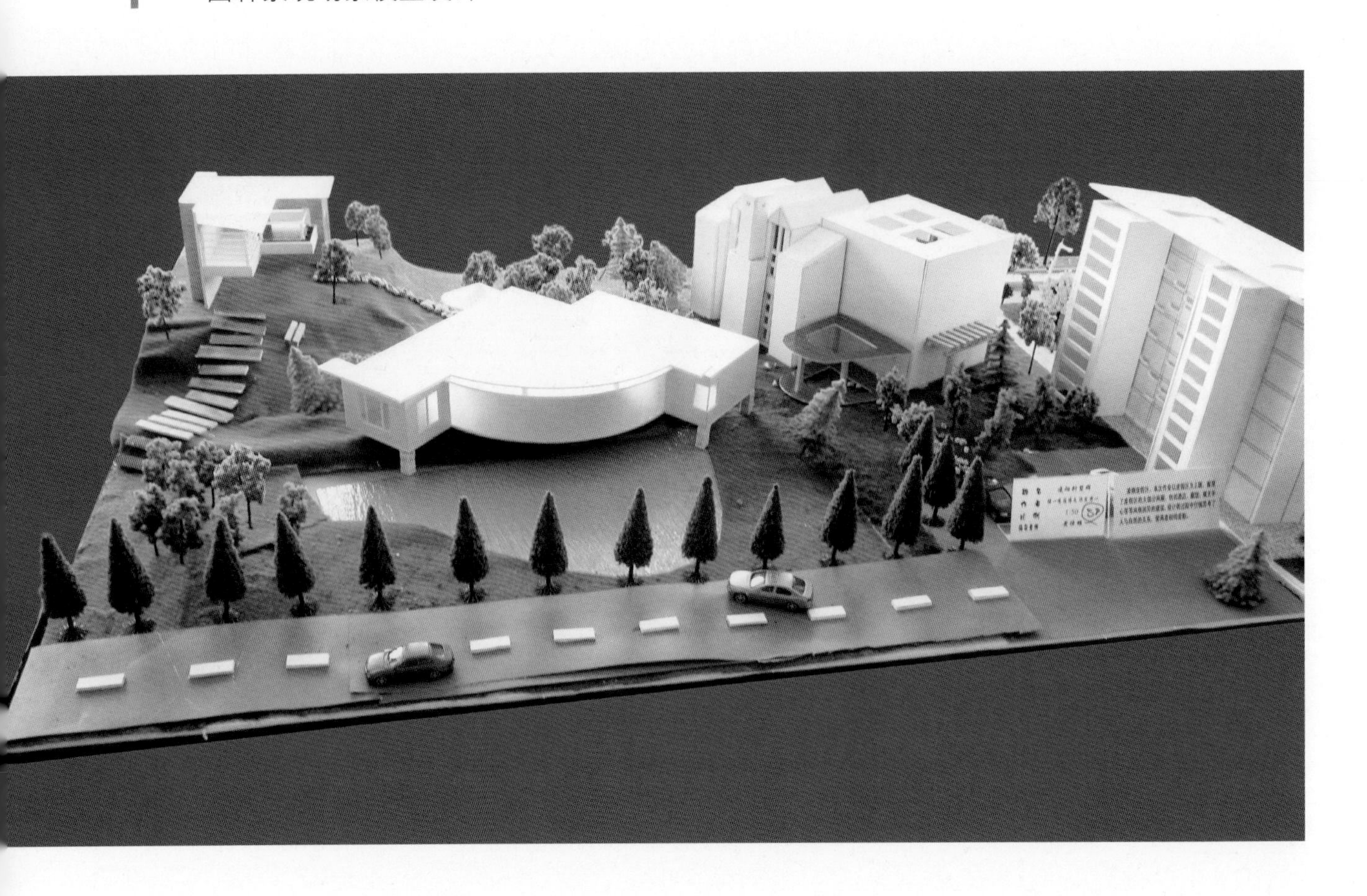

本案例以度假区景观设计为主题，展现了度假区的景观风貌。融酒店、观光中心于一体，风格现代。景观布局合理，功能分区明显。但是其水系景观的设计略显呆板，应柔化水体岸线，增加滨水景观。

本案例为壳形建筑，风格现代，设计精巧、合理。建筑前设置轴线感强烈的水景和植物绿化带，增强了场地景观的方向性，具有引导人流的作用。但是其前置广场过于空旷，应适当增加景物障景。

本案例为工厂的改造景观设计，设计在保存原有工业景观的基础上，增加了丰富的驳岸和码头景观。其形式优美、曲线流畅。但是厂区内部景观较为平淡，应当增添相应的景观小品和坐凳等景观设施。

本案例将生态设计理念融于场地设计之中，水系设计自北向南，同时围绕水系设置木质平台。设计融亭榭、奇石、小桥于一体，描绘出江南的意境。但是其驳岸景观仍然略显单调，应当增添亲水平台的数量，创造多形式的滨水景观。

本案例设计结合了软质和硬质景观，建筑排布与景观格局相对应，结构清晰，道路设计规范、合理。但是入口景观的引导性较弱，可以通过树池、雕塑等，增强景观的引导视线作用。

本案例为住宅景观的设计，建筑景观空间多样，形式现代。场地景观主要围绕住宅景观建设，体现了温馨和谐的设计氛围。景观周围虽有水景，但是水景设置较为简单，应增加亲水平台的形式设计。

本案例主要为校园景观的设计，其规模适中。景观以欧式水潭为景观起点，串联起图书馆和运动场。运动场地设计规范，展现了学校的生机。但是，其道路系统设计不合理，缺少成型的道路系统。应增添各级道路，连接不同景观，形成整体的景观系统。

本案例为私家别墅庭院的设计，利用大片落地窗创造景观视线。四周用绿化进行点缀，道路曲折，材质多样，内容丰富，设置阳伞等休闲区，功能齐全。但是水塘和阳伞功能区缺乏道路连接，应当铺设道路进行连接。

本案例虽然简单，但富有景观意境。景观建筑依照山体形态而设计，色彩明快，软硬景观呼应。但是景观设计整体仍较为单薄，需要增添相应的景观设施和次要景点，并且增加相应的内部景观功能。

本案例设计运用红、黄、蓝、紫等鲜明的色彩，烘托出热烈活泼的场地氛围。设计在关注建筑及构筑物等硬性色彩的同时，又结合植物色彩的搭配，形成和谐壮美、引人入胜的场地景观。

本案例为宾馆的设计，建筑屋面开阔大方。场地主要以唐风氛围为主，利用景观创造室内外的对话空间。建筑组合穿插，汲取了古典主义的精华。但是其周围景观过于开敞，功能不足，应当增加小节点的设计。

本案例为市民广场的设计。该设计利用建筑，创造“U”型景观，打造景观空间多样的中庭空间。又利用景观绿道，进一步分割了场地空间，丰富了场地内容。但是其交通系统设计不规范，没有设置停车场等。车流和人流要合理安排，应设计专用停车场，分散车流和人流。

本案例为某时代广场的设计。利用蓝色、橙色等色彩，描绘出现代、热烈的广场之景。 其布局合理，设计精巧。但中心景观不突出，应当弱化周边建筑的色彩，突出表现中心的主体景观，周边景观勿喧宾夺主。

本案例色彩明朗，氛围活泼。设计借助铺装、花廊、建筑、构筑物等，对色彩进行对比调和。同时，又考虑到景观的季相变化，加入部分观花树种和常绿树种等，营造了美丽的四季景观。

本案例利用不同材质的景观小品，构筑了具有不同色彩的场地景观。红色的景墙与绿地、木质平台形成鲜明对比，形成场地的景观亮点。但场地的构图形式还有待加强，整体布局略显呆板。

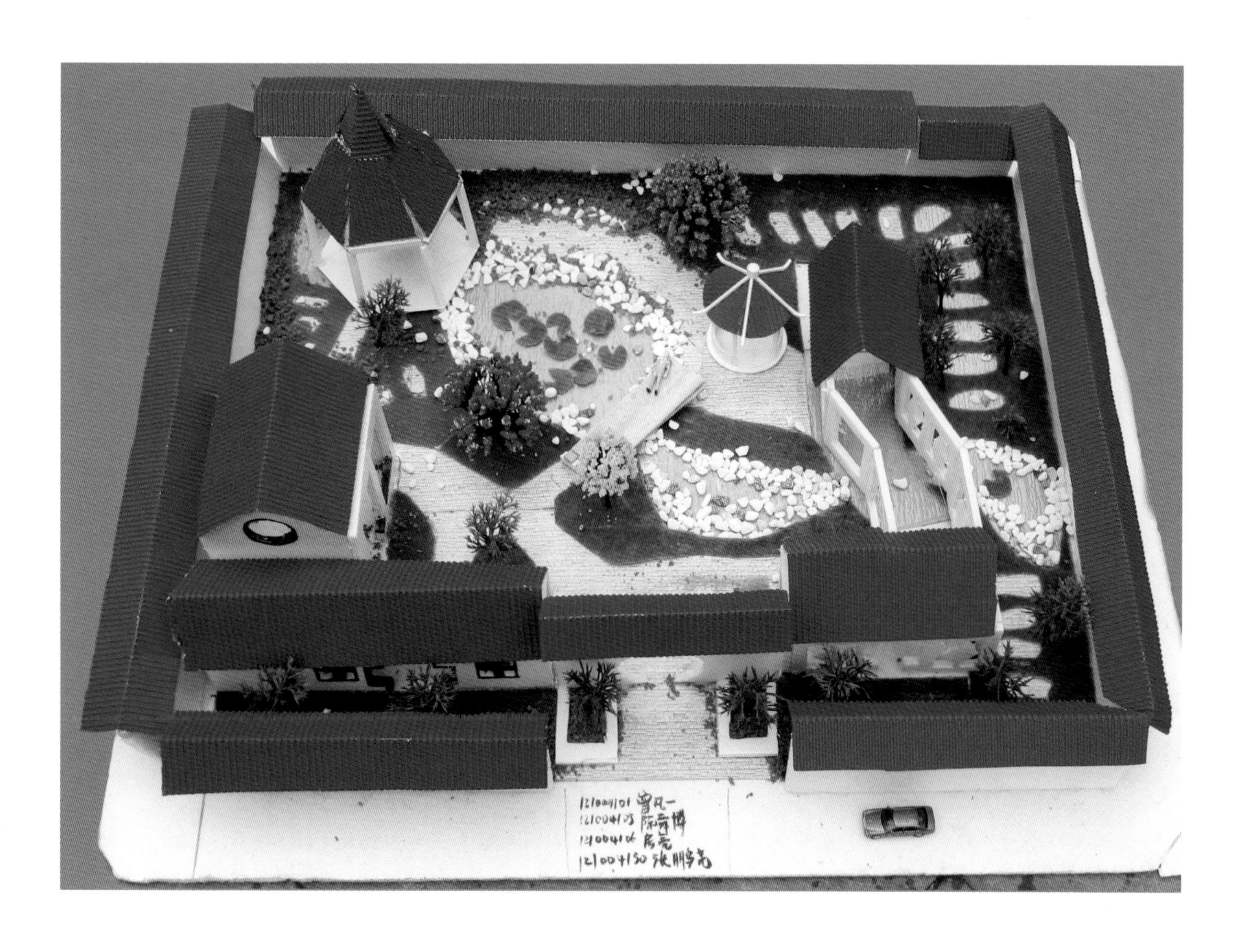

本案例布局合理，采用红色作为整个模型的主基调，氛围活泼。内部水系设计婉转曲折，富有美感。流线设计合理，富有层级。但是建筑的布局过于分散，可以将建筑与亭廊紧密联系起来，构成统一整体。

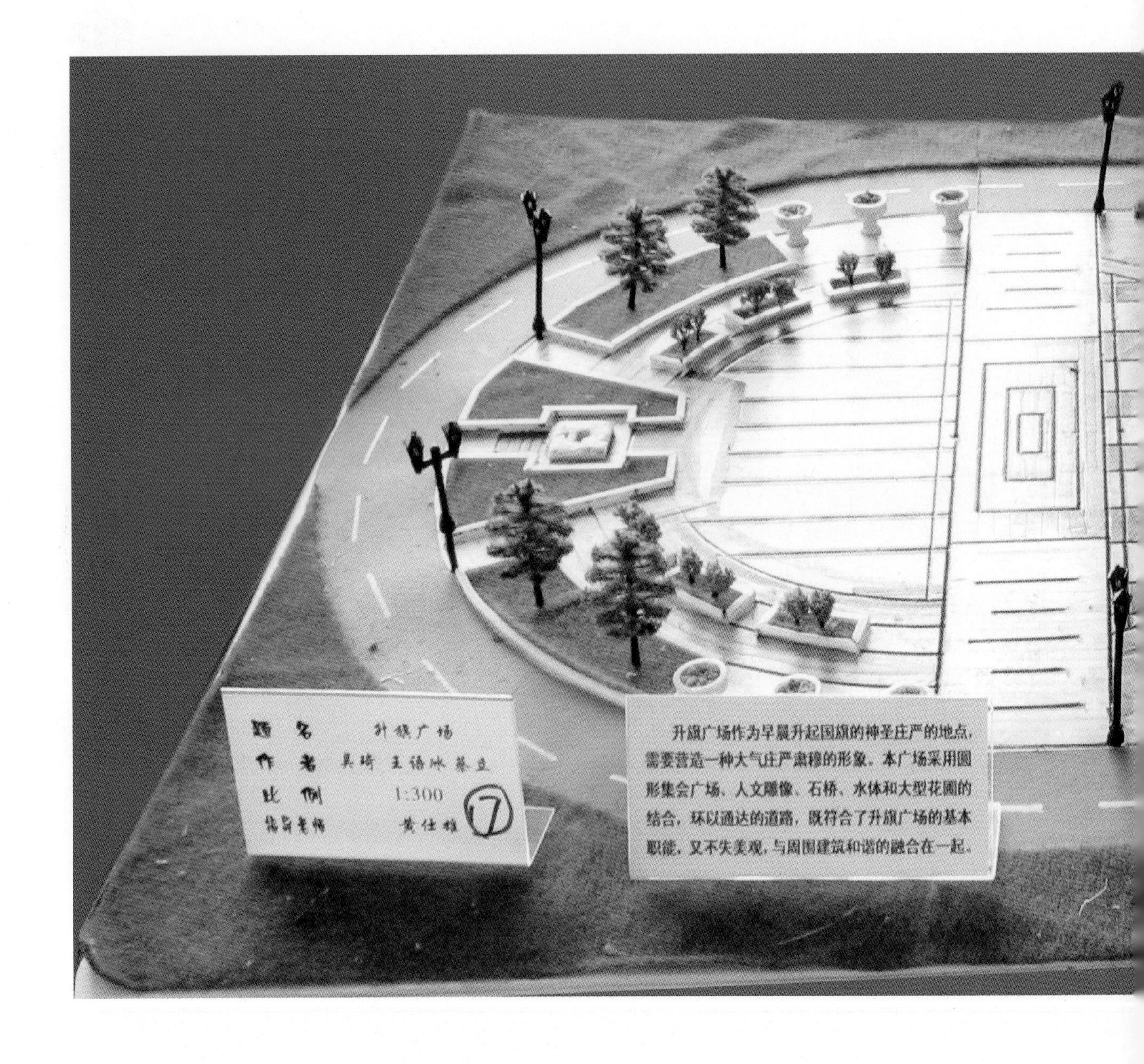

本案例为升旗广场的设计。设计主要以木色为主，与水体相结合营造了大气、庄重、肃穆的氛围。融合圆形集会广场、石桥、水景和花池，满足了设计的基本功能，交通流畅，色彩统一。

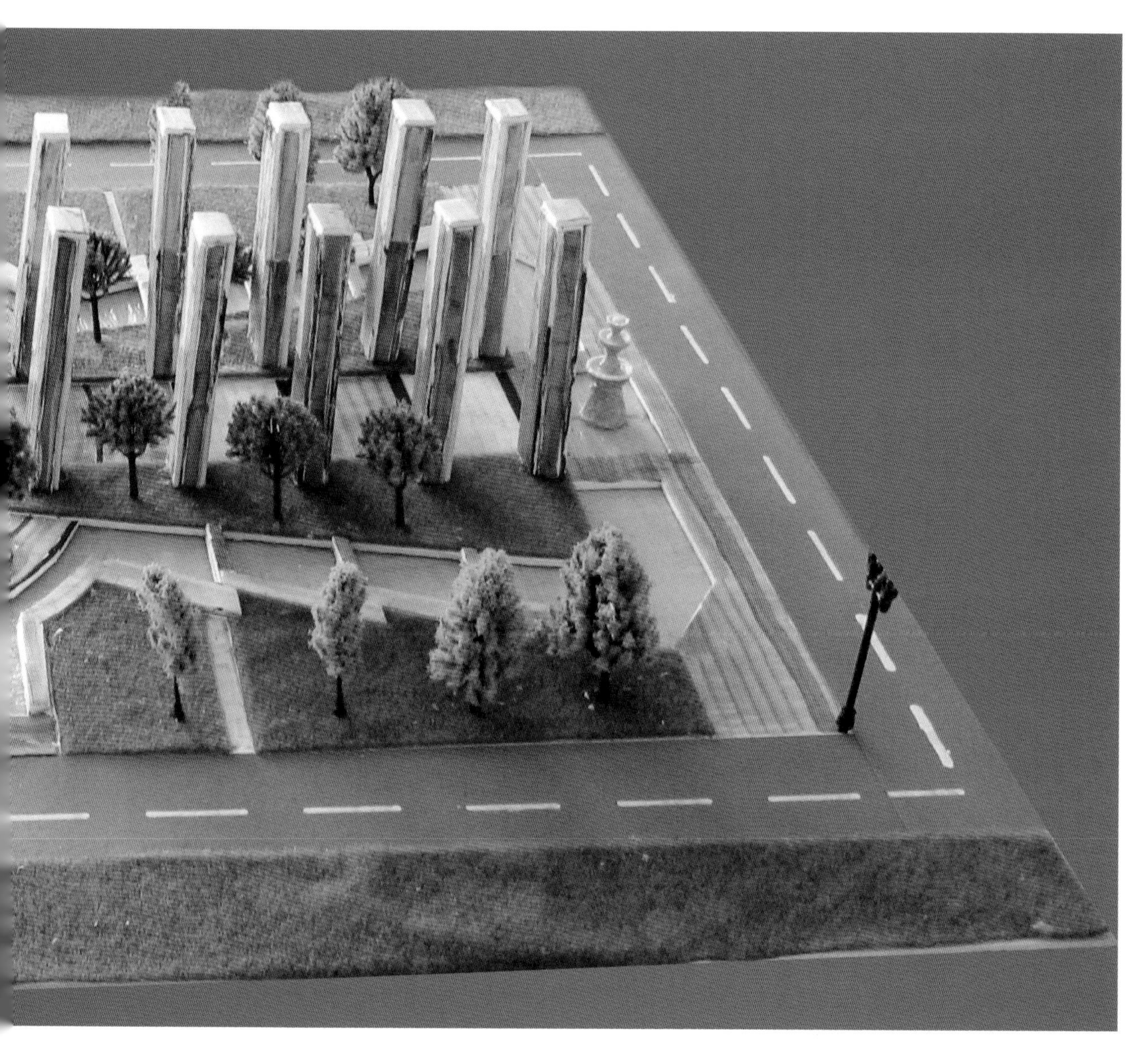

本案例为樱花广场的设计。场地背后营造微地形，以满足人们对场地安全感的需求。设计以红色为主基调，搭配木平台，景观内容丰富，但是应当增加部分次要景点，以丰富整个场地的色彩。

本案例将建筑、小品等人工色彩与水体、植物等自然色彩相结合，突出表现了场地景观的个性风貌。设计创造景观环境氛围，给人以视觉美感和景观冲击力，让人印象深刻。

本案例以中心水体为主景，景观重点突出。利用中心水景连接四周景观，融合道路、广场、建筑等，形成了点、线、面相结合的景观结构。设计具有流畅的视觉美感，景观要素体系也较为完备。

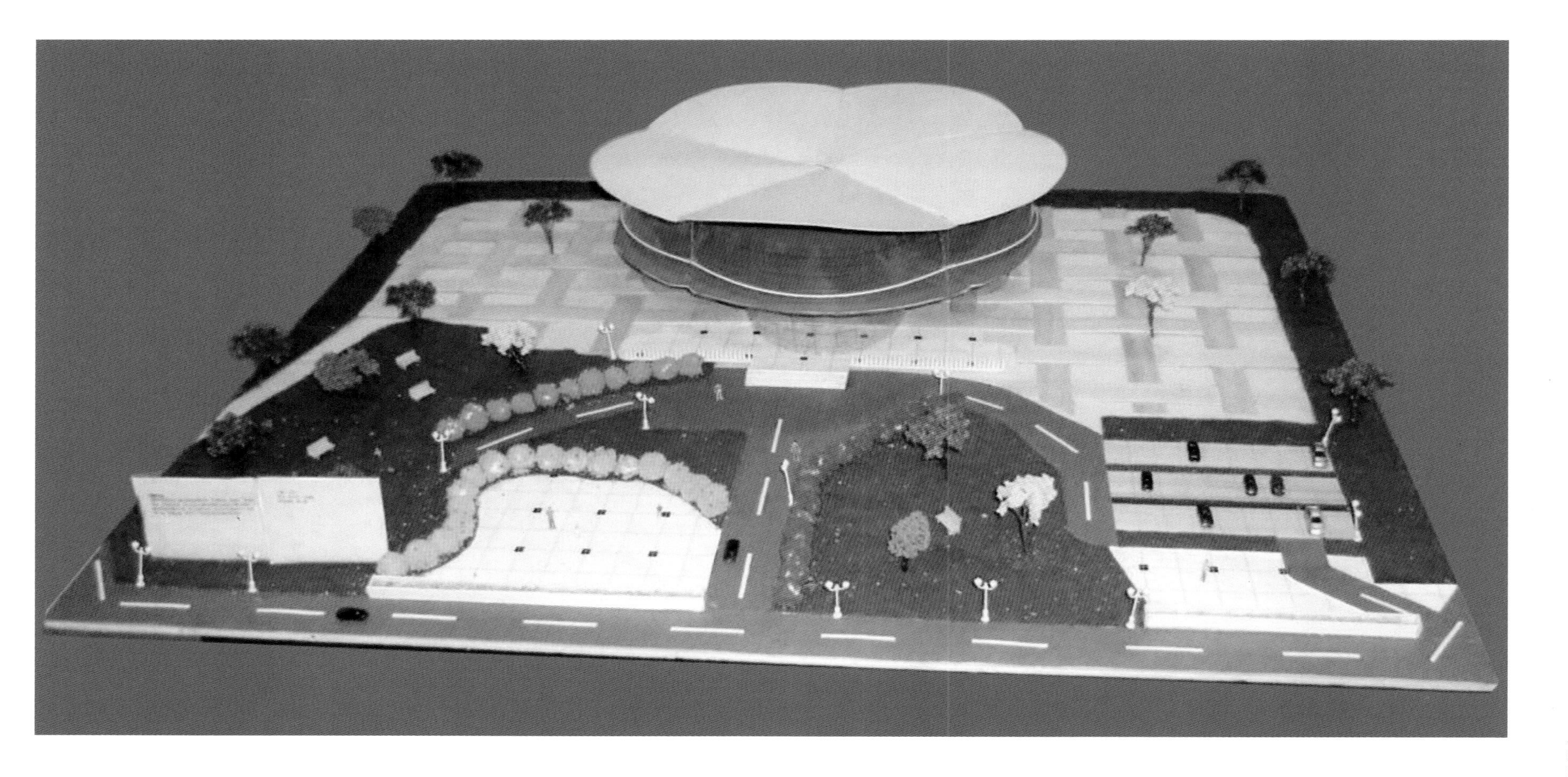

本案例设计尺度宜人，设计具有创意性，通过应用自然形态，进行抽象变形，建筑设计具有趣味性，意境深远。场地景观多样，设计勾勒出了明确的平面形态，场地结构优美，与主体建筑相互衬托，兼具实用性和美观性。但建筑前广场的硬质比例太大，需要进一步改进。

本案例设计从宏观视角出发，利用植物等绿化分割空间，设计由点状、线状、面状的空间所构成，形成了均衡、统一的景观结构。以入口的树阵景观引导人流，为场地增添人气，同时考虑到了停车、纳凉、休憩等实用因素，凸显了人本主义精神。景观通透，形式优美。

本案例在尊重场地现状的基础之上，独居匠心地借助水景展开设计，展现了观水、亲水的景观体验。景观小品、广场、水面、绿化协调统一，道路系统流畅清晰，给人带来不同的观赏体验。但水面上的栈桥跨度较大，若能改善，方案将更为合理。

本案例精彩刻画了基地的滨水景观，水景形态优美，驳岸生动丰富。建筑与水景相映成趣，场地尺度宜人，桥体位置和形态恰到好处。绿化、建筑、水体和铺装共同构筑了一处恬静的滨水之景。

本案例全面考虑了铺装、植物、水景等多方面因素。设计同时加入了屋顶绿化，具有一定的生态意义和生态价值。景观元素种类多样，布局合理。小品形态丰富，给人以多样化的体验。但是水系设计较为僵硬，应去掉左侧的海岛，保证水体形态。

本案例景观要素较为完备，设计结合水景，以木质栈道连接两部分景观，布局较为合理。但其水景设计较为单薄，亮点不突出。应适当增加滨水景观，优化驳岸形态，以形成均衡美丽的场地景观。

本案例景观布局合理，各要素协调统一。木质廊架和小品作为景观元素反复出现，穿插于场地中，富有韵律和节奏美。设计提供了众多具有实用性的景观家具和设施，体现了以人为本的精神。其尺度合理，结构均衡，堪称佳作。

本案例景观布局清晰，水系曲折多变。场地景观随水而展开设计，其内容丰富，设计较为规范。但设计在注重水体曲折变化的同时，更应注意水形的宛转，部分水系形态较为僵硬，应柔化改进。

本案例景观布局简明，重点突出。简单的场景布置，对小场地进行了构成组织。但是交通布局不够合理，场地仅有一条道路，且左侧构筑物无道路通过；场地景观要素略显单薄，应进一步丰富和完善。

本案例景观以建筑为中心景观聚焦点，并通过铺装衔接了场地内外的景观。但是设计应注意运用各种要素，丰富主要景观的内容，并且对次要景观进行简单描绘。铺装色彩也应注意和周围景观相协调。

本案例景观轴线清晰，并以水景强化了景观轴线，增强了场地的气势。设计元素内容丰富，植物配置多样，且兼具乔灌木和彩叶树种，极大地丰富了季相景观。但道路规划还有待提升，部分场地虽有景观设施但未有道路铺设，需进行进一步提升。

本案例主要为体育场及其周边广场的设计。体育场采用了薄壳建筑的形式，设计融科学性和美观性于一体。建筑前广场的设计具有强烈的轴线感，利用花坛和灌木形成具有指向性的空间景观，源源不断地吸引人流前往，形成具有场域效应的景观。

本案例设计线条比例合理，曲线流畅，符合经济技术指标的要求。设计重点突出，结构清晰，布局规整，生动活泼。竖向设计高低错落，富有节奏。但是景观缺乏人停留和休憩及观赏设施，应着重考虑人的使用功能，强化景观场所的设计。

本案例以水景为主要轴线展开景观叙述，形态规整，景观要素完备。以亭呼应廊，形成一组对景。但是其道路交通组织还有待提升，部分景观如左侧花架等没有道路交通，人群难以进入。

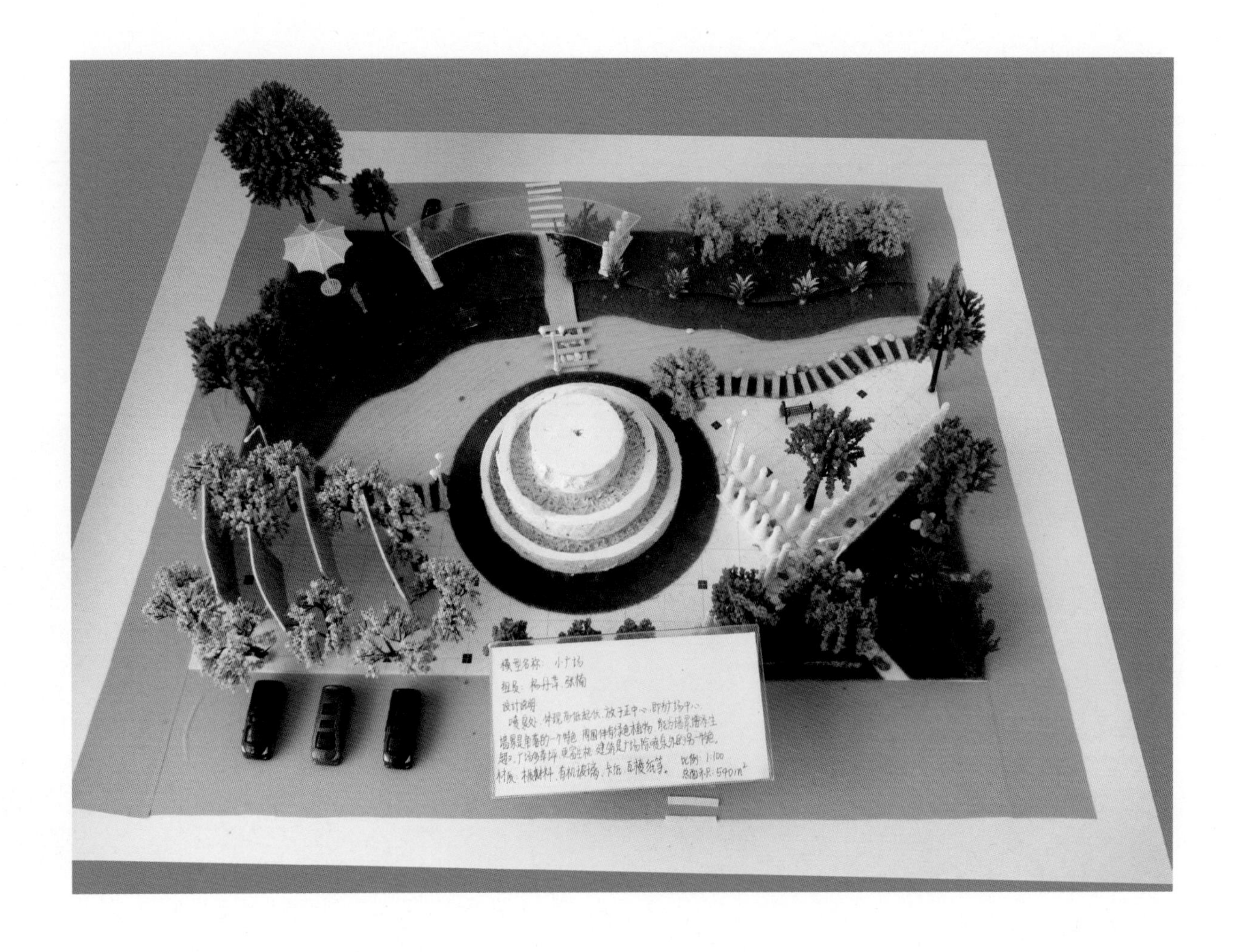

本案例以中心喷泉为整个场地的核心景观，模型通过木质栈桥连接两岸景观。景观重点突出，但是栈桥表现形式较弱，景观的丰富性有待提升。同时，该模型设计欠缺部分小空间和次要景点。

本案例布局规整，依托圆形构图，形成十字轴交叉的景观结构。场地以中心水景作为场地的轴线相交的主景，辅之以花草树木点缀成景，与周边建筑相映成趣。但是景观内容有待丰富，且缺少相关的停留设施和观赏构筑物。

本案例为建筑前广场的景观设计。其建筑设计风格现代，色彩明快。广场气势磅礴，大气宏伟，轴线明显。但是，广场设计并未从人的体验角度出发，中心轴线的尺度太大，景观元素单一，观赏性一般。

本案例为建筑周边场地景观设计。左侧以规整的树阵强化了景观轴线，形成具有序列感的景观布局。与左侧规整式景观不同，右侧采用自然式布局来凸显场地特色，左右形态对比呼应。但右侧景观中的栈桥形态平直，较为呆板，应丰富形式感。

本案例为中心广场设计，场地一分为四，布局规整，轴线突出。设计采用抬高的方式，顶层铺设绿化，下部作为主要交通流线。形式虽然规整，但是略显呆板；人流和车流混杂，容易引发安全性问题。

6. 场地配合协调

场地设计在突出建筑特色的同时，也不能忘做好与周边景观的协调、统一。水景、绿植、建筑在道路流线的合理布置下相互配合，才能形成有机的整体。各元素内部也应进行协调、统一，设计在遵循整体景观构架的基础之上，填充和完善景观功能。设计要统筹硬质景观及软质景观之间的关系，与场地特征相结合。同时，要运用多种构图形式，促使景观与建筑相呼应，做到景观设计主体突出、内容丰富，景观布景收放自如、自然流畅、科学美观。景观设计时要将逻辑分析与平面构图相结合，在尊重场地设计内部逻辑的同时，注入人工景观，将自然元素纳入并包容到场地设计中。景观布局无论是采用自然式、几何式还是混合式，对材料的把控、设计都要考虑到由点到线，由线聚面，形成有机的整体场地设计，令人印象深刻且富有美感。

本案例从建筑轮廓设计角度出发，设计弧形、圆形景观与景观场地结合。其中，滨水节点以打破的圆形加强区域景观效果，于场地内起到画龙点睛的作用，与建筑交相呼应，形成了统一的整体效果。

本案例以其收放自如的自然式布景，取得建筑、景观、道路与小品设计的统一与协调。其中，中式的景观建筑小品散落于绿地之间，与建筑相互呼应，更使自然式的布景达到流畅与丰富的效果。

本案例立足于“庭院”这一切入点，以清晰明确的人行、车行道路划分区域功能。其中，场地中央的公共建筑空间为整个场地带来生机与活力，不仅丰富了场地功能设计，更是起到场地中央广场的中心景观焦点作用。

本案例为广场景观的设计。其中心以喷泉作为主要景观，其他建筑向四周延伸塑造相应的景观空间。设计布局合理，景观元素丰富，具有明显的轴线感和空间感。但其内部的功能仍有待完善，道路系统不完善、不便捷，应增加相应的道路层级。

7. 构思新奇、灵活与变化

场地设计应注意借助灵活、新奇的构图形式，给人以视觉变化的冲击和美的享受。不同形状的空间产生了强烈的对比作用，凸显了不同景观空间的形式美。同时，场地借助丰富的景观内容，进一步将实用和形式相结合，体现了模型设计的合理性和科学性。灵活性不仅体现在灵活的构图、丰富的景观元素上，更体现在整体布局的协调和变化上。设计通过各种景观小品、建筑等人工景观与自然景观相结合，结合自然与人文，构筑道路系统作为场地的骨骼，又以各类空间填充血肉，突出场地的景观设计风格。设计应以人为本，尊重场地的自然肌理和各元素之间的内在联系。整体来看，其结构明了，风格清晰，主题明确，小空间设计丰富，内容变化多样，设计布局合理，同时具有趣味性。因此，场地设计在满足人群基本使用需求的同时，更加要关注设计内容和设计主题的提升。设计应当以小见大、推陈出新，促进传统的景观设计手法与现代精神相结合，推动场地景观的与时俱进。

本案例设计构图自然流畅，水系形态和滨水场地完美契合。设计又以滨水廊架和栈桥丰富滨水景观的形态。综合运用多种造景元素，并将其进行有机组合，创造了既丰富又和谐的景观风貌。

本案例以弧形线条贯穿整个场地，建筑及构筑物同样采用弧形线条相呼应。场地构图灵活、流畅，以廊架作为点景，同时结合水域和绿化。内容丰富，景观优美。但其出入口的景观设置有待加强。

本案例主要采用半圆弧形构图，设计结合植物、水体、建筑及小品等构筑了一幅美妙的滨水热带风光。设计内容丰富，层次错落，景观设施精致。但其部分交通路线不合理，前往滨水平台无道路可通行，应增设相应道路以连接景点。

本案例构图主要以直线为主，其图案稳定、有序，具有一定的景观轴线关系，给人以序列美感。设计具有规整和秩序感，线条大胆，别具一格。设计以点聚线、以线穿点，突出体现了设计的系统性。

本案例主要以规则式构图为主，风格朴素、简约。空间格局清晰，道路流畅。设计规整，黑白灰的构成形式感强，富有节奏及韵律美感，场景设计构图表现了独特的意境，但场地应增加廊架等人性化休憩设施，使景观更加和谐、实用。

本案例以方形构图为主，以红色构筑物贯穿整个场地，形成了景观观赏的虚轴。设计融合多种要素，以景观构图为基础，各要素彼此联系。但为了构筑更加和谐、实用的环境，应增加相应的座椅、廊架等休憩设施，使单一的元素进一步丰富、优化。

本案例主要以弧形构图为主，线条优美、流畅，烘托出静谧、自然的荷塘景观。设计面积虽小，但景观要素俱全。融景观廊架、卵石步道、休息平台等景观于一体，产生了强烈的形式感，形成了景观的个性表达。

本案例以圆形构图贯穿整个场地。设计以“圆”为构图的主要元素，其反复出现，具有一定的韵律感和节奏感。同时，景观花池、道路形态、景观小品等均呼应其整体的构图形态。设计具有统一性和整体性，使人耳目一新。

本案例将花朵的形象提炼出来，并运用到场地的构图中去。布局精巧，富有韵味。同时借助地形地貌、水体、植物以及建筑小品来描绘场地景观，其色彩明快、内容丰富，具有创造精神。

本案例设计利用景观水体、景墙及微地形等强化了场地的整体布局。设计轴线感和形式感强烈，但是水体设计略显零散，应当加强各个水系部分的合理设计，注意和场地其他要素的合理搭配。

本案例景观内容丰富，功能布置合理。设计融水系、喷泉小景、花池和花境等要素于一体。以圆形作为中心构图的主景，重点突出。但是景观硬质和软质的界限较为模糊，没有规整的硬质轮廓，应对边界空间进行明确区分。

本案例独具匠心地采用折线构图，形成“W”形的整体构图布局。中心采用水景喷泉的形式，重点突出。但是其交通线路的设计较为单一，场地中应当增加二级路的设计；同时，应增加次要景观的布置。

本案例立足于海岛滨水地形，以陆上多层建筑与亲水多组合建筑相结合的布置手法，形成了水陆流线分明、功能区划设置合理的特色景观区域。其中，建筑部分的组合形成了优美错落的天际线，立面观赏富有变化。

本案例的最大创新点在于很好地实现了建筑的层次错落与环境布景的承接关系，二层挑空的人行通廊流畅地连接场地内的三幢主要建筑物，实现了景观的竖向变化。而其中水面汀步及绿地小径的穿插，则帮助整体环境拓展功能的实用性。

本案例所设计的二层景观人行通廊很好地实现了场地的竖向景观观赏功能，不仅提高场地内的用地利用率，更打破了场地内水景、绿植之间的僵局关系，为其形成新的联系，从而达到场地布景的和谐与统一。

本案例将建筑与周边环境的风格统一起来，设计独具匠心地利用建筑高差创设景观。视野开阔，游线完备。场地组织有序、合理，具备科学性和艺术性。

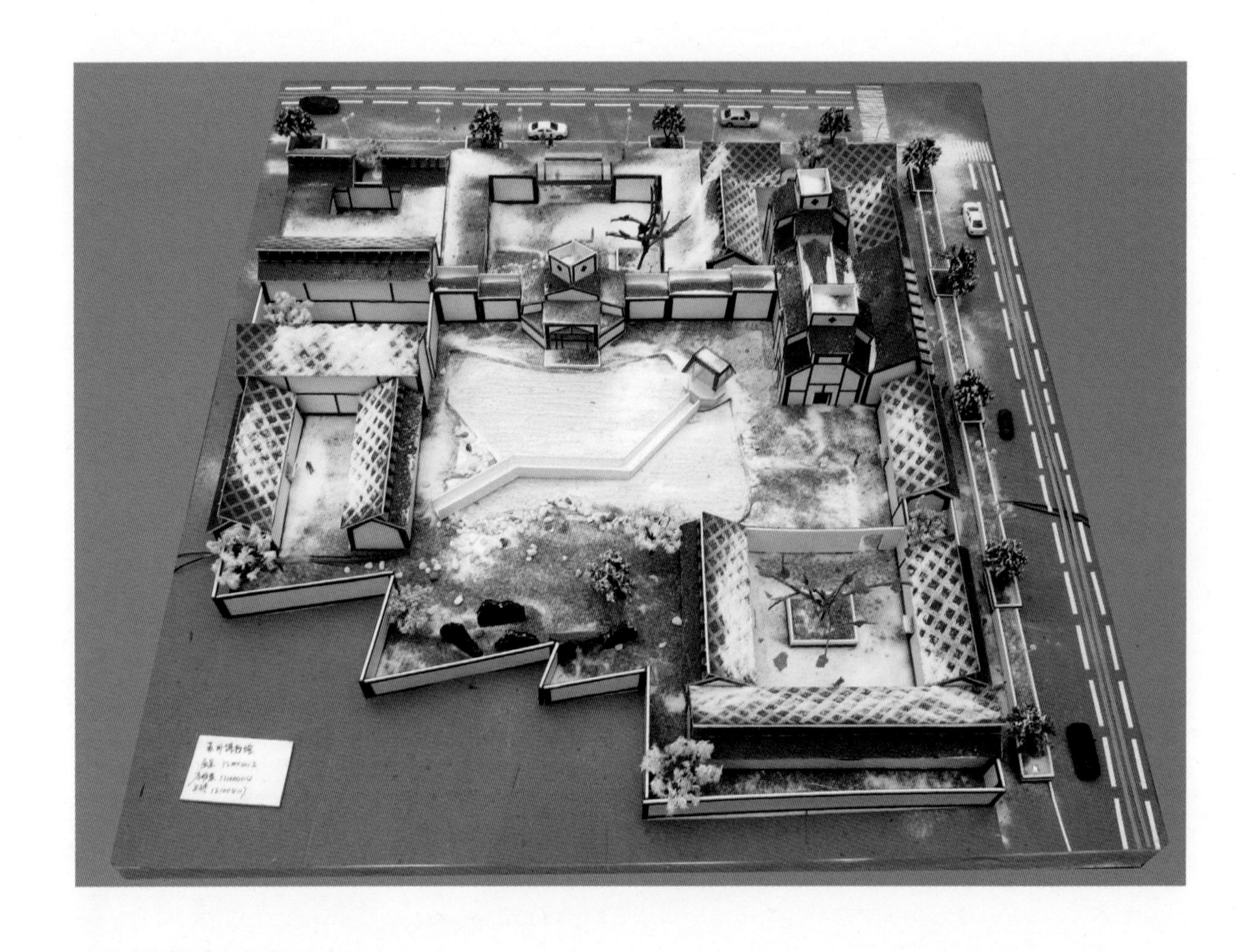

本模型精致再现了苏州博物馆冬日初雪的美与艺术感，为我们展现了苏州这座充满雅趣的博物馆，柔弱娴静。设计具有人文情怀和传统美感，在致敬传统的基础上注入景观设计的时代感。

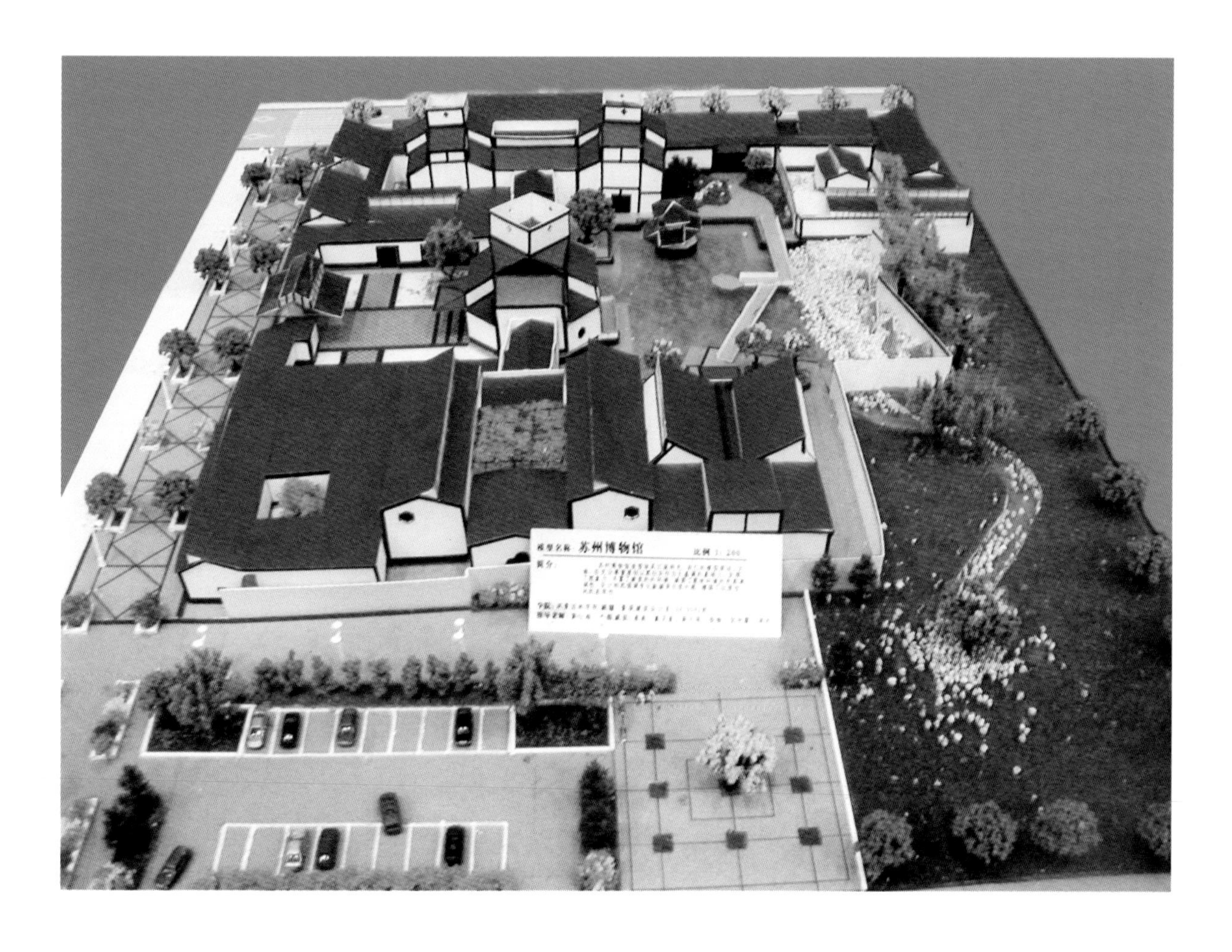

本案例为苏州博物馆的模型仿建。本案例着重表现了苏州博物馆的内部空间结构和整体景观布局。苏州博物馆融水体、植物、建筑于一体，因地制宜地发挥其风格特色，将中国传统文化进行了创造性更新。

本案例为苏州博物馆的模型仿建。内部设置停车场，合理地分散了人流和车流。内部空间变化多样，游人体验丰富。

本案例为苏州博物馆的模型仿建。设计内容丰富，景观、水体、建筑比例得当。充分利用场地空间，创造场地景观。

本模型配色讲究，完美地重现了拙政园的江南柔美气息，体现了江南园林建筑艺术的精华。充分发挥古典园林的景观轴线和景观空间，较好地表现了各类景观要素之间的相互关系，内容丰富、全面。

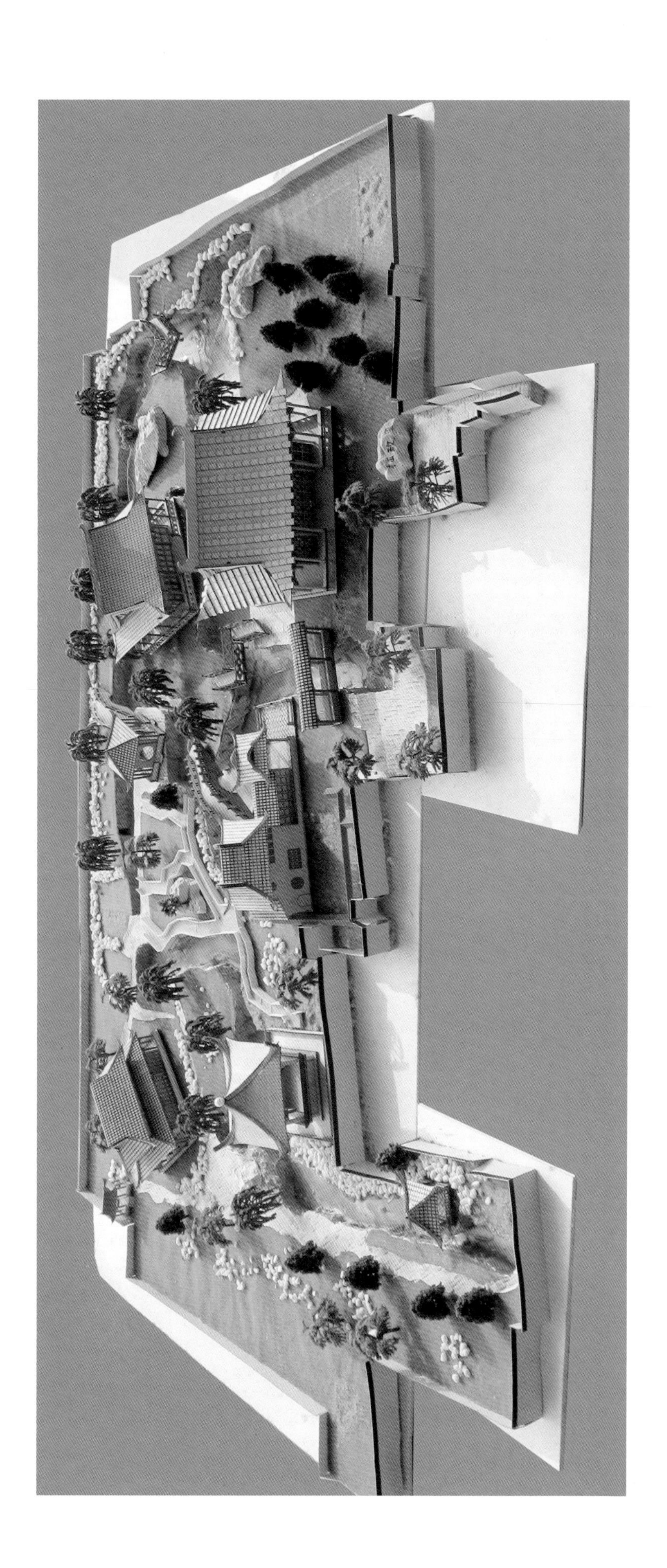

本模型致敬了中国古典园林中的拙政园景观，较好地体现了设计空间的层级关系和景观布局。突出体现了我国古典园林建造的精华和高超的景观处理手法，模型内容展示全面，设计精致。

本模型以一个大型的下沉式广场为中心景观，拉开区域竖向层次。同时又以连续而富有变化的水景打破对角建筑连线的限定感。辅以合理的人车分流、优美的景观小品，整个空间有序又富有变化。既有曲线的视觉连续性，更有折线的鲜明区分化，极具视觉张力与设计感。

本模型并无传统意义上的明确道路沿线分割，却能仅通过一个个高起的休憩平台将场地划分，很好地实现了人的景观化、区块的景观化。不是单纯地硬性布置区域道路，而是真正做到了功能与景观环境的紧密结合。简洁大方的配色为方案本身注入优雅的力量。

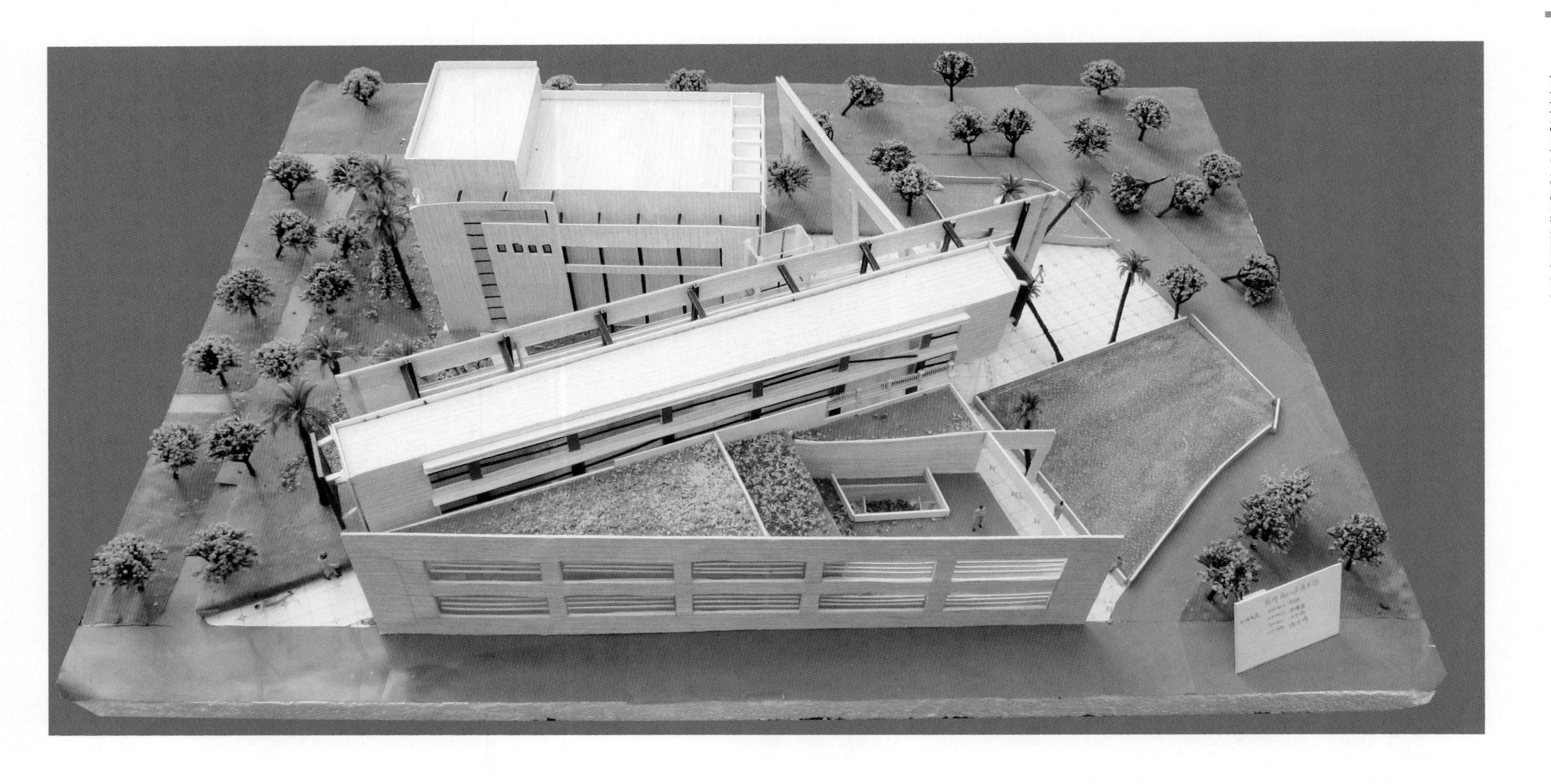

本模型的一大亮点是建筑部分的高低错落与场地内环境的自然结合。从景观的角度看，建筑的体量虽大，却因层次错落有致且辅以植被造景从而很好地与周边环境融合，屋顶花园的形式新颖、巧妙。不仅建筑本身带有景观设计，景观设计更是配合建筑的分布与走向自由布局，形成良好的人行车行分流，功能划分明确，环境设计优美。

本模型的建筑群组合为场地内设计的一大特色，其中大体量的建筑模型与小体量的建筑组合相互呼应，水景分割了场地的功能，却又将两岸联系起来，形成有机的统一。

本模型利用点、线、面等结构结合，色调淡雅，形式感强，形成统一的景观整体。六边形重复、打破、融合，使组织富有韵律，充分展现了节奏之美。场地真正实现了人的体验功能要求，但是缺少其他景观要素的配合呼应，应增添水体、丰富多样性植物等景观要素。

本模型以丰富且极有变化的场地地形为一大特点，利用中心景观高点与场地地形高点的连线造景，巧妙化解地势变化的设计困难。而中心的建筑景观，也因滨水的环绕显得更为突出与鲜明。富有张力的桥梁与场地相结合，使得整体空间层次分明。尊重地形，顺应地形，才能实现最贴合实际的优秀设计。

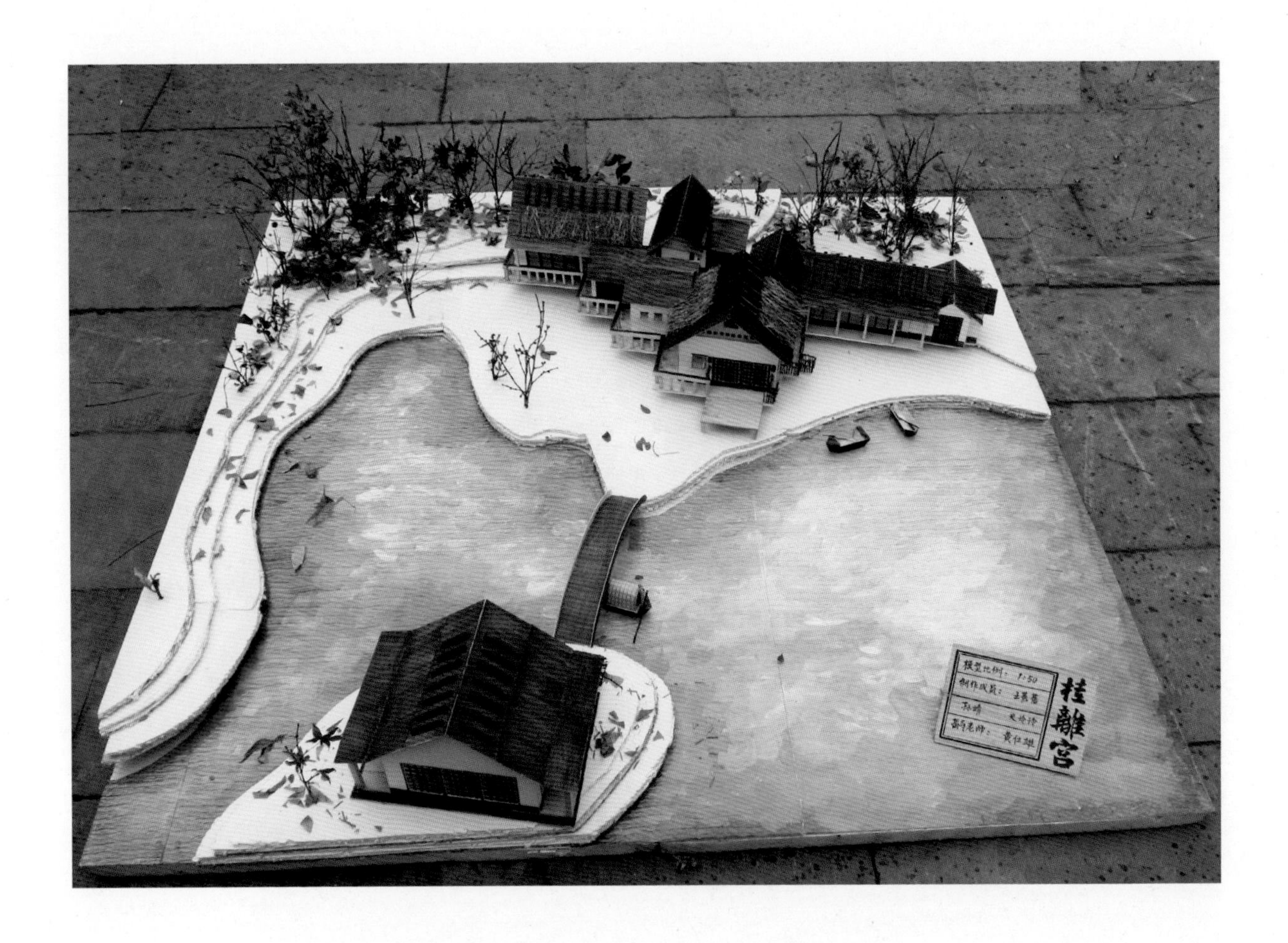

本模型从中式古典园林建筑设计出发，通过地形的变化，将中式建筑中的“大隐隐于市”体现得淋漓尽致。水景上和意境相吻合而建的房屋，架设的拱桥温暖的色调，使整个清冷幽寂的环境蕴含着活力，充满着温馨。意境与色彩、地形与建筑相得益彰、相互映衬，达到意境表达的目的。

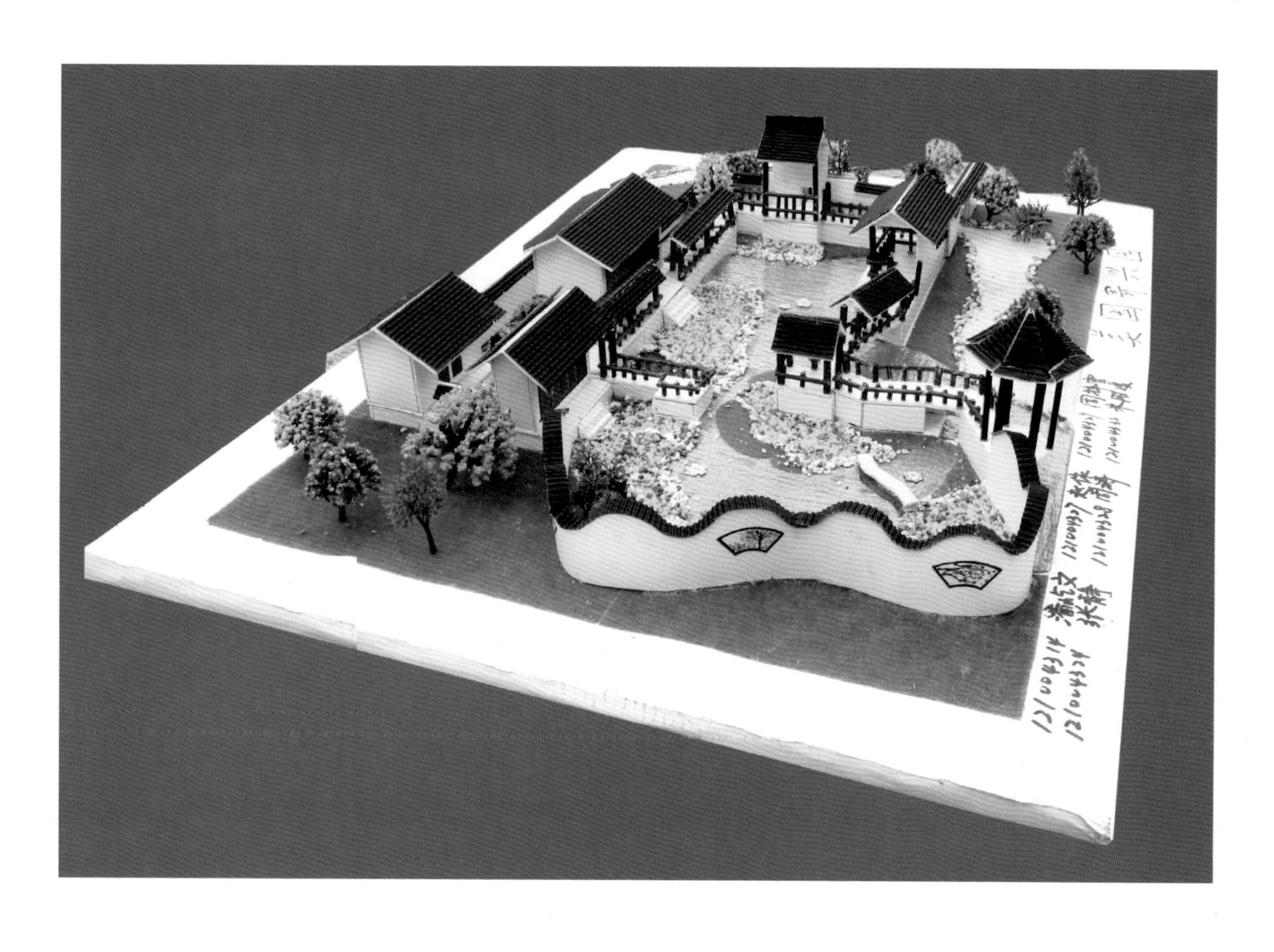

本模型为美国寄兴园的案例分析，充分考虑了地形的差异与变化，充分将建筑与水景、植被相互结合的曲径通幽效果发挥出来，配色优雅大气，极具艺术性。